U品生活
U product life

萌犬家庭训练
狗狗好公民修炼手册

刘志勇　编著

黑龙江科学技术出版社
HEILONGJIANG SCIENCE AND TECHNOLOGY PRESS

前言

如果你是一只狗狗的家长，你全心全意、无微不至地照顾它的日常，它也会用全部的爱来回报你，带给你无尽的欢乐与温暖。但狗狗的一些行为问题却一直在困扰着你，比如在室内随处撒尿、乱啃家具、乱咬鞋子、听到声音就会叫个不停……又比如带狗狗外出时狗狗表现出的好斗、追逐、扑人、追车……这些问题应该是大多数狗狗家长都会遇到的。

有行为问题的狗狗在家令主人抓狂，在外令他人反感，进而引发矛盾。尤其随着养宠人群的日益增长，不管是在社区内还是在公共场所，人与狗之间的冲突时有发生，严重的还会造成治安问题。所以说，狗狗的行为训练已经不只是解决家庭内部的问题，更是解决相应社会矛盾的大问题。

如何才能把自家爱犬训练成一个有礼仪、有教养、人见人爱、花见花开的"狗狗好公民"呢？

如果觉得当面去向狗狗训导机构求助浪费时间、浪费金钱的话，那么，一本有关狗狗训练的书就是最好的选择。

本书就是你一直以来在寻找的那一本。

通过书中介绍的正向性训练法，纠正你家狗狗的不良行为是件很容易的事儿，轻轻松松就能帮你把你家的狗狗训练成一只温顺听话又有趣的爱犬。你需要做的只是每天花上几个 15 分钟就足够了。

狗狗机灵、聪明，对主人的指令有着准确的理解，并按照指令做出动作，它们之所以这么做，目的只有一个，就是希望得到主人的奖赏。

明白这个道理之后，就能进而找到更快捷且行之有效的驯狗之道。本书将向你展示如何达到这种更理想更完美的境界，教会你读懂狗狗的语言，帮助你更有效地和家里那位"四条腿的朋友"交流。

本书使用说明

只要按照本书所介绍的训练方法去操作，你会发现：只需短短两天的训练，你便可以发现你家狗狗的变化，进而更加"随心所欲"地驾驭它。接下来，你还需要帮助狗狗不断地巩固它学会的本领，直到它听到你的指令或者手势就能快速地做出反应为止。

但是，你必须明白，没有任何训练的效果是可以立竿见影的，特别是你想要训练比较难的项目时。如果你能按部就班地执行本书中所给的建议，你就会发现你的期望无论对你或你的爱犬而言，都能实现得容易一些。

本书介绍了养狗之前的准备、幼犬社会化、基础训练、纠正训练和趣味训练等内容，如果想完成整套训练，会需要一段很长的时间，这并没有明确的限制。在训练过程中，如果主人认为狗狗并没有取得应有的进步时，给它设置一个期限是会产生反作用的。实际上，成功的训练所需要的时间长短，完全取决于主人和狗狗双方的沟通与配合。

对于狗狗已经养成的不良行为，如好斗、乱叫、追逐其他动物和乘车外出所出现的问题，解决起来都是要花费一定时间的，但坚持训练和不断地巩固已有成效是取得成功的关键。

你随时可以和你的爱犬开始行动—— 或许，一个巨大的惊喜正在等着你！

请理解性地阅读

通读本书，你将学会如何理解并正确地处理你与狗狗之间的关系，这对你有效地对它进行训练是极其重要的。如果你只是偶尔想起才会给狗狗做训练，还没有固定计划帮它巩固练习，又期望狗狗有出色的表现，稍不如意就惩罚它，那你就需要冷静地想一想：我应该养狗吗？

因此，在这里，有必要提醒你的是，进行某些训练项目是需要一定基础的，不要指望你的训练一开始就能立刻达到你所期望的效果。比如说，在狗狗还没有熟悉自己的名字之前，就算你喊破喉咙，它也不一定会摇头摆尾地向你跑来。

目录

110

CHAPTER 05

有趣的狗狗
更有魅力

154

CHAPTER 06
狗狗的日常照顾

169
后记

CHAPTER 01
养狗前须知

为一名社会好公民、文明养犬人，在决定饲养一只狗狗之前，需要做很多功课。如果因为没有做足功课，种种原因导致最后养不了，将狗狗送走，无论对人对狗都有很大的伤害，而且是一种极其不负责的行为。所以，不要因为一时冲动而盲目养狗。

养狗，不是一时兴起的乐趣，而是一种生活态度，是与其相伴一生的态度，是对生命敬畏的态度，更是一种负责任的态度。

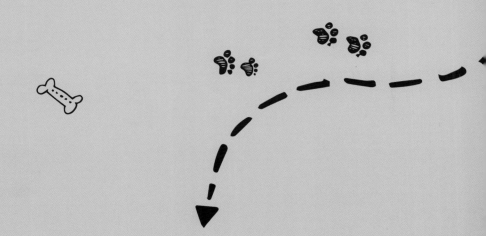

🐾 做个称职的主人

不管是在电影中还是在现实生活中，每当看到毛茸茸的狗狗时，人们都会想：如果自己也拥有一只狗狗该多好啊！但需要明白的一点是，这是人家的狗狗，一旦真的自己喂养一只狗狗时，带给你的可不只是其乐无穷，还有无尽的烦恼。

因此，在你决定和一位毛茸茸的"四腿朋友"共同生活时，必须要做好心理准备，应对各种问题。

选择适合你的狗狗

　　在决定饲养一只狗狗之前，你需要全方面地考虑一下你目前的生活状况，包括你的家庭成员、你的工作性质、你想和狗狗过什么样的生活等因素，然后再决定选择适合自己的犬种。

　　在选择犬种时，不要因为喜欢电影中或者别人所养的犬种而做决定，应多列出几个犬种作为考虑对象。在了解每个犬种的性格与特征之后，选择最符合你目前家中生活状态的。以下几个方面是你必须考虑的：

征求家人意见

　　饲养狗狗就是养育一个"生命"，你选择了它，就要对它的一生负责。所以，在冲动地购买狗狗之前，务必要与家人讨论之后，再决定是否要迎接它进入你的生活。

　　为了让狗狗能够更好地成为家中的一分子，所有的家庭成员都必须共同参与狗狗的教育，而前提当然是所有的家庭成员都赞成饲养狗狗。

你的脾气性格

　　狗狗对主人的情绪是非常敏感的，因此，什么样的主人就会调教出什么样的狗狗。对狗狗而言，温和而坚定的态度是最管用的；呵斥和殴打只会让你的狗狗感到恐惧和困惑，并导致一系列行为问题的产生。所以，你需考虑清楚当它犯错误的时候，你是否能按捺住自己的满腔怒火，耐心地教育它。

你的生活环境

如果你的房子足够大，家人和爱犬可以在其中自由活动，是最理想的；如果你的房子空间有限，不能让爱犬自由地奔跑，那你就需要每天至少带它出去两次，每次至少让它玩上一个小时；最好是找一个能除掉它的项圈的地方，让它自由自在地疯玩上一会儿。

你的生活方式

有些犬种是特别不喜欢独处的，当主人外出工作时，它们会感到焦虑和孤独。而焦虑的情绪可能会导致一些行为问题的发生，例如在家里随地大小便，不停地狂吠，或者乱咬家里的东西等。

你的时间安排

饲养一只狗狗不是把它带回家后只管喂饭喂水就可以了，你还需要有足够的时间来陪伴它、训练它。如果你养的是一只幼犬，那么，在头两个月里，你得花上大把的时间教会它乖乖地待在家里，学会最基本的服从。你每天还得至少花两个小时来照料它，跟它玩耍、带它做运动等。最好能带它去参加宠物训练班，至少要确保每月一次，最好是每周都去。

如何获得一只狗狗

狗狗的获得渠道有很多种，你可以比较后再做出选择。

在宠物店购买

在宠物店购买狗狗是最方便的渠道，最好选择环境整洁，并且能考虑到狗狗的社会化教育而会让幼犬们彼此玩耍的宠物店。

熟人自家繁殖的幼犬

幼犬需要与狗妈妈和同胎兄弟姐妹相处至少三个月才能学到群体生活的技巧，因此，最好选择超过三个月大的幼犬饲养。饲养之前可先观察它们的性格再选择一只适合自己的。

专业繁殖犬舍

专业的繁殖犬者，对犬种的相关知识有深度了解，能够从他们身上获得许多有用的养狗知识。但如果想在那里找到一只适合自己的狗狗可能会花费较多时间。

向动物救助团体领养

在各种动物救助团体能够免费领养到体型和性格都已稳定的成犬。但需要考虑的是，往往从这里领养的狗狗会有一些行为问题，建议事先了解狗狗的情况之后再做决定。

准备狗狗的必需品

在决定把一只狗狗带回家之前，你需要将狗狗所需要的基本生活用品准备好，以免狗狗踏入家门之后，才发现缺东少西而慌慌张张地再去购买。

选择狗狗用品的重点

选择狗狗所需的用品时，请把握以下三个重点：

配合狗狗体型大小的用品：用品的体积大小以不能让狗狗轻易吞食下去为准。

易清洁的用品：最好选择可以清洗、易于保持清洁的用品。

坚固耐用的用品：尽量选择耐咬、不容易坏掉的用品。

选择狗狗的玩具的注意事项：

应选择不容易被咬坏或吞下去的安全玩具，以免狗狗误食。

狗狗的基本生活用品

购买时可请宠物店的店员帮忙选择适合狗狗体型的各项用品。

狗碗

需准备两个狗碗，一个用来装狗粮，一个用来装水，可以选择好清洁的不锈钢碗或是固定性比较好的陶碗。

尿布垫

用来作为狗狗在室内的厕所。尿布垫的大小以狗狗蹲下后周围还能多出一圈为宜。

项圈和牵引绳

项圈和牵引绳是带狗狗外出散步的必备用具，也是防止狗狗冲到马路上的救命绳索。可选择尼龙绳等坚固耐用的材质。

日常护理用品

针梳、排梳、趾甲剪、锉刀和牙刷是日常帮狗狗护理身体的必要用具。

航空箱

乘车外出时可以用到，还可以作为狗狗平日的寝室和休息场所，需配合狗狗的体型选择适当的大小。长度要能够让狗狗把脚弯起来睡觉，宽度要能够让狗狗在里面转身，高度要比狗狗的身高稍微高一些。

围栏

围栏可设置成狗狗平常的住处或是厕所的专用空间。最好选择可配合狗狗不同成长阶段而重设大小的拼装式围栏，高度以狗狗跳不出来为宜。

宠物登记与疫苗注射

开始养狗之后，依照法律规定，一定要为狗狗办理宠物登记和注射狂犬疫苗。此外，也别忘了带狗狗去接种狂犬病以外的混合疫苗，以防止狗狗感染传染病。

狗狗的混合疫苗种类繁多，主人可与宠物医生讨论后再决定疫苗的种类。

宠物登记与狂犬病预防注射

出生 90 天以上的狗狗，应该在开始饲养后的 30 天内办理登记并领取宠物登记证明。此外，出生 91 天以上的狗狗，依法应每年注射一次狂犬病疫苗，并在注射后领取狂犬病预防注射证明。

混合疫苗的注射

除了狂犬病之外，狗狗还需要注射预防其他传染病的混合疫苗。通常在狗狗出生后第 45~80 天接种第一剂疫苗，并在一个月及两个月后分别接种第二剂和第三剂疫苗（接种时机与注射疫苗的次数会依照宠物医生的判断而有所不同）。

虽然法律上并没有规定要接种这些疫苗，但在完成第二剂或第三剂的疫苗注射后再开始带狗狗出去散步是基本礼貌。

在这之后，基本上狗狗只要每年再接种一次疫苗即可。

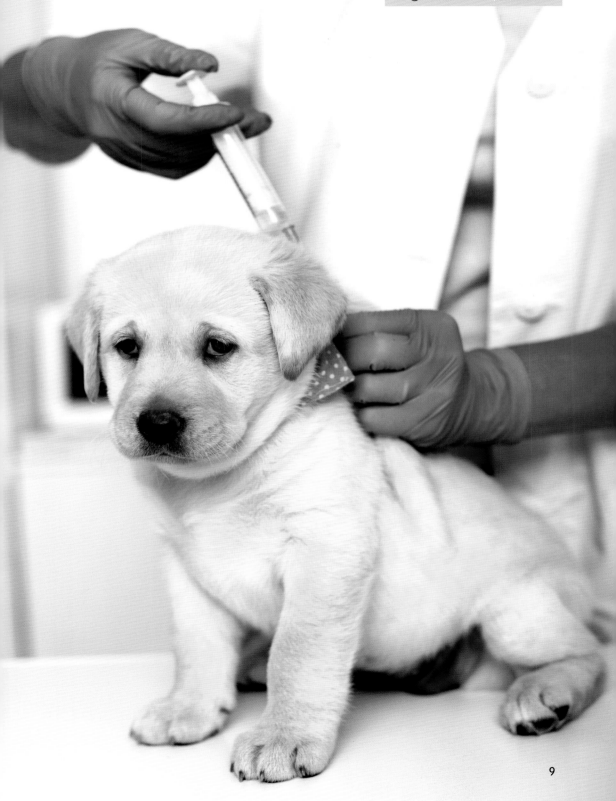

🐾 迎接狗狗的到来

虽然有些狗狗的体型比较大，但还是建议尽可能将狗狗饲养在室内，增加彼此相处的时间，培养彼此的沟通能力，还可以更容易地建立起主人与狗狗之间的信赖关系。

帮狗狗取个名字

狗狗来到家里的第一件事，应该是为它取一个名字，这是主人与狗狗之间开始产生联系的重要步骤。有些主人为了彰显个性，会选择一些比较特殊的名字，这没有问题，但需要注意的是，最好选择简单上口、狗狗听了容易记住的名字。

让狗狗对它的名字产生好印象

名字确定后，每当你喊出名字时，狗狗听到后而回头时，你要及时地称赞它或喂它吃零食，让狗狗觉得听到自己的名字就会有好事发生而对名字产生良好的印象。若是呼唤狗狗的名字之后却责骂它，狗狗就会有"名字＝不好的事"的印象，主人务必要注意这一点。

收好危险物品

由于好奇，幼犬看到什么东西都会想咬咬看，因此可能对狗狗造成危险的物品，一定要放在它无法碰触到的地方，或用其他容器收好。

准备狗狗的住处（类型Ａ）

在室内比较偏的地方设置围栏。在围栏中设置航空箱、厕所和用餐区。因为有划分出狗狗的地盘，狗狗可以安心地生活。

注意事项：航空箱应尽可能地远离厕所，且记得经常更换尿布垫，保持清洁。

准备狗狗的住处（类型Ｂ）

专门将围栏内的区域作为狗狗的厕所，因为有特别划分出的如厕空间，狗狗会比较快地学会定点上厕所。

注意事项：即使是住起来很舒适的航空箱，若把狗狗一直关在里面也会对狗狗造成压力，请记得让狗狗经常出来走动。

了解狗狗的性格

虽然每一只狗狗的性格都不一样，不过大致上可分为五种类型。

面对不同性格的狗狗，主人若是愿意多花点心思以相应的态度与它们相处，并仔细观察狗狗表达心情的信号，就能够快速地和它们建立起更加亲密的互动关系。

如何判断狗狗的性格

散步的时候

观察狗狗在散步时如果遇到其他的人或狗，会出现什么样的反应，是兴奋、胆怯，还是会吠叫？

没有人陪伴的时候

狗狗在独处时会自己乖乖待着还是会到处搞破坏，从这一点可以看出狗狗的性格。

玩耍的时候

狗狗在玩耍时会保持节制还是会兴奋过头，这也是一个判断性格的指标。

发挥狗狗长处的教育

每一种性格都各有利弊，一般情况下，主人很容易只注意到狗狗出现问题行为时所伴随的短处，例如容易兴奋过头这种缺点，换一个角度看，长处就是精力旺盛、个性积极。因此主人在教育狗狗时，可多花一些心思找出狗狗的长处并加以发挥。

狗狗的性格可分为五种类型

你家的狗狗属于哪一种性格呢？主人可根据下面描述来判断。

害羞内向的狗狗

在家中是只非常乖巧的狗狗，但由于对陌生人或其他狗狗心理怀恐惧，因此反而可能会出现吠叫或攻击行为。

面对这种狗狗，最好让它尽量多体验各式各样的新事物，培养其稳定冷静的性格。切忌用强迫的态度对待它，必须一点一点地让狗狗习惯害怕的事物。

任性的狗狗

在家随意行动的狗狗，优点是独立性很强，但若是不能顺从自己的心意时，可能会出现吠叫或攻击等反抗性的行为。

但若是主人拥有明确的主导地位，狗狗就会展现出强烈的忠诚度，加上这种性格的狗狗的独立性很强，如果人狗之间能建立起良好的信赖关系，就会变成一只非常可靠的好狗狗。

活泼开朗的狗狗

非常喜欢和人或其他狗狗玩耍，但有时会因开心过头、无法克制自己的兴奋而出现扑人等行为问题。

这种性格的狗狗，即使在面对陌生人或陌生狗狗时，态度也非常友善，个性积极、活力充沛，随时都想找人陪它一起玩。

正因为这种狗狗很喜欢亲近人，不喜欢人家不理它，所以如果出现问题行为时，利用这一点来训练狗狗会非常有效。

调皮捣蛋的狗狗

这种类型的狗狗拥有很强烈的好奇心，对什么事物都充满兴趣，非常喜欢挑战新的事物。不喜欢静静地待在家里，个性上比较躁动不安，如果没有渠道让它发泄好奇心和旺盛的精力，狗狗就有可能经常调皮捣蛋，或是累积过多的压力。

这种狗狗若是经常有人陪它玩耍，就能够发泄旺盛的精力，不过主人同时也要记得让狗狗学会如何沉稳地生活。

爱撒娇的狗狗

很会撒娇，博取主人的欢心，但若是主人没有把注意力完全放在它的身上时，就有可能因嫉妒而出现行为问题。

面对这种狗狗，主人不能太宠它，而且要增加让它独处的时间以及和其他人接触的机会。

③ 你注意到狗狗发出的信号了吗

信号1 开心

看到狗狗开心的样子，对主人来说是再高兴不过的事了。但是，若是狗狗开心过头、太过兴奋的话，就有可能伴随着扑人、兴奋得漏尿等问题行为发生。

因此，将狗狗开心的感觉控制在适当程度，避免让狗狗过于兴奋，也是主人平常和狗狗相处的重要课题。

开心的信号 "行为"

扑人

有时候狗狗会开心地扑向主人，若主人允许狗狗做出这样的行为，狗狗之后只要看到人都会想要扑上去。所以，主人在狗狗出现这种行为时应该采取无视的态度，每当狗狗扑上来的时候，就转身不理它，几次之后，它就会知道"这样无法吸引主人的注意力"，从而改掉扑人的行为。

一旦扑人的行为变本加厉，就有可能让狗狗夺去主人与它之间的主导权。

兴奋得漏尿

每当从外面回来，打开门的那一刻，每个主人都会受到狗狗热情的欢迎，有些狗狗会因为过于兴奋而出现漏尿的行为。这种情形若是经常出现的话，主人可以尝试在回家时以若无其事的态度进门，不要理睬狗狗。

开心的信号 "**肢体语言**"

摇尾巴

狗狗开心的时候，尾巴会从根部开始摆动，越是兴奋，尾巴翘得越高，同时摆动的幅度也会越大。相反，当狗狗感到警戒时也会有类似的动作，因此还要从狗狗的表情来加以判断。

耳朵竖起

当狗狗感到很兴奋时，耳朵会高高竖起。若是想撒娇的时候，耳朵则会向后贴平。

嘴角上扬

狗狗有时也会做出微笑般的表情，它们的嘴巴会呈现松弛状态，嘴角微微上扬，看起来就像是真的笑容一样。

开心的信号 "**叫声**"

"汪"的一声

狗狗开心的时候，会发出"汪"的一声叫声，若是发生数次，则表示狗狗非常兴奋。

　　狗狗很信赖主人时，就会自发性地展现出信赖、服从的信号。主人若是发现自家的狗狗出现这种信号，就表示你们彼此之间的关系还不错。

　　不过，若狗狗一做出服从姿势时，主人就给予奖励，有些狗狗会因此学会假装服从的样子。遇到这种情况时，主人就不要再夸奖它，改为要求其趴下等基本行为教育。

信赖与服从的信号　"行为"

舔主人的嘴巴

　　狗狗在幼犬时期，向母犬要食物时，就会去舔母犬的嘴巴，这是一种信赖与服从对方的表现，同时这个行为也包含有安抚对方的意味。

单脚抬起

　　当主人要狗狗"等一下"时，狗狗若是将前脚的单脚抬起，就表示狗狗在克制自己的本能，选择听从主人的指示。

信赖与服从的信号　"肢体语言"

仰躺露出肚子

　　狗狗露出肚子时，表示它没有任何攻击的意念，并且信赖与服从对方。但若是头转向一边，尾巴夹在两腿之间，则属于畏惧性的服从表现。

趴下

狗狗自己主动趴下身体时，也是向对方表示服从的一种表现。
若是将身体缩成小小的一团，则是更为强烈的服从表现。

横向移动身体

狗狗对着人类横向移动身体，或是沿着曲线靠近对方，也是
一种表达自己没有敌意的肢体语言。

转移视线

狗狗将视线移开也表示它并没有敌意。

信号3　邀请与要求

狗狗有任何需求时，会对主人做出各式各样的动作（信号）。
虽然通过这些要求的信号能够明确了解狗狗在想些什么，但是否
要响应狗狗的要求，则由主人决定。若是每次都有求必应，那么
主导权会变成由狗狗掌握，造成彼此之间的上下关系逆转。

主人应该明确地展现自己的主导权，并在适当的时机满足狗
狗的需求即可。

邀请与要求的信号 "行为"

将屁股抬高、尾巴摇来摇去

当狗狗将前脚向前伸、身体伏低、屁股抬高、尾巴大力摇动
时，就表示它想要找人陪它玩，此时狗狗的眼睛也会兴奋地睁大。

两只前脚搭在主人的身上

当狗狗站起来将两只前脚搭在主人的身上时，就表示它想要对主人要求某样东西，有时候也会用单脚搭住。

邀请与要求的信号 "肢体语言"

以平稳的视线一直盯着对方

当狗狗以平稳的视线一直盯着主人时，就表示它想要获得主人的注意力。有时则会用更具体的动作，譬如咬着玩具到主人面前，希望主人能陪它玩耍。

用鼻头顶主人

狗狗用鼻头去顶主人也是一种希望主人理睬它的表现。

邀请与要求的信号 "叫声"

"呜——呜——"的高亢叫声

当狗狗发出"呜——呜——"的叫声时，通常是在撒娇或是希望对方陪它的信号，有时也会发出短暂的吠叫声。

信号4　自大与优越感

　　自大与优越感的信号是主人须特别注意的危险信号。尽管狗狗的性格各有不同，但基本上，它们在群体中会尽量寻求比较高的地位，这是狗狗的本能之一，而与人类一起生活的狗狗在这一点上也是一样。

　　主人看到狗狗对家人展现自大与优越感的信号时，就要特别注意了。这表示家中人狗之间的上下关系可能已经出现逆转现象。此时主人应努力向狗狗展现自己的主导权，并建立起彼此间的信赖关系。

自大与优越感的信号 "行为"

妨碍人类的行动

　　狗狗为了展现自己的地位，会故意挡在家人前进的路线上，有时还会啃咬对方。若主人发现这种情况，务必要取回自己的主导权。

骑乘行为

　　狗狗搭在主人的脚上并摆动腰部，这种骑乘行为除了表示发情外，有时是为了展现自己的优势地位。结扎手术能起到一定程度的抑制作用。

自大与优越感的信号 "肢体语言"

将肢体放在主人的上方

　　狗狗坐在主人的身边时，刻意将自己的前脚等身体的一部分放在主人的上方，是为了展示自己的优势地位。

尾巴高举

尾巴高高举起是狗狗自大的一种表现。

耳朵竖起

狗狗把耳朵垂直竖起时，是为了表现自己的自大或威吓对方。

视线相对

狗狗睁大双眼，眼神和对方笔直相对时，是为了向对方展现自己的优势地位，有时甚至会采取攻击行为。但若是用柔和的眼神看着对方，则是亲切的表现。

自大与优越感的信号 "叫声"

警告、命令的低吼声

狗狗对着主人发出警告、命令的低吼声时，就表示它在展现自己的优势地位。

信号 5　警戒与愤怒

警戒是狗狗的本能，适度的警戒心对狗狗而言是很重要的防御机制。

但狗狗若是处在必须随时保持高度警戒的环境里，可能会累积过多压力而出现攻击性的行为。主人若是发现自己的狗狗时常表现出警戒或愤怒的信号，就必须将它换到能够放松心情的舒适环境里。

而有些社会化不足的狗狗，也会经常保持着高度警戒，主人必须对狗狗重新进行加强社会化的行为教育。

警戒与愤怒的信号 **"行为"**

嗅闻味道

狗狗嗅闻某人的味道,是一种对对方保持警戒并加以调查的表现。不管对方是要靠近打招呼或是原地站着不动,一旦随便地想要伸手抚摸狗狗时,狗狗很可能会张口咬人。

绕着别人转来转去

狗狗冷静地绕着陌生人转来转去时,就表示它对对方感到警戒,甚至可能会出现攻击行为,此时最好将狗狗带到航空箱内。

警戒与愤怒的信号 **"肢体语言"**

眉间或鼻头皱起来

若狗狗做出眉间或鼻头皱起来的严厉表情,表示它目前正处于愤怒状态。

毛发竖起

当狗狗感到愤怒、想要攻击对方时,全身的毛发就会竖起来。

龇牙咧嘴

嘴唇向两边咧开,露出牙齿,就表示狗狗已经准备好攻击对方了。

摇尾巴

尾巴向上小幅度地摇动,表示狗狗正处于警戒状态;若是缓慢地左右摇动,则表示狗狗正在寻找攻击的时机。

警戒与愤怒的信号 "叫声"

连续吠叫

狗狗大声连续吠叫时，表示它正处于警戒状态。

低吼

狗狗发出嘶哑低沉的吼声时，表示它正在生气。

信号6　压力

对狗狗而言，压力是造成心理和身体健康失调的原因之一。感受到压力的狗狗，会出现一直做出同样动作的强迫性行为，或是做出各式各样的破坏行为，还可能导致身体的健康状况异常。

造成狗狗压力的原因，最常见的是运动不足以及长时间地被单独留在家里。当主人发现狗狗出现压力信号时，务必要尽早找出压力的成因并加以纾解。

压力的信号 "行为"

追自己的尾巴

不停追着自己的尾巴转来转去。

不断地舔舐身体的某个部位

狗狗如果一直舔舐身体的某个部位，就表示它目前正处于压力状态。

压力的信号 "肢体语言"

在房间内不停地走来走去

狗狗在房间内的同一个位置，漫无目的地不停走来走去，表示狗狗感受到了焦虑不安所带来的压力。

用前脚抓脸

狗狗做出用前脚抓脸的动作时，表示它觉得不满或感受到压力。（若是用后脚抓脸则是满足或开心的表现。）

到处破坏

狗狗因为感受到压力，会在无人的家中大肆破坏家里的物品，或是把纸张撕成碎片散落一地。

信号7　不安与紧张

狗狗在被主人责骂而感到不安和紧张时，为了缓解自己的不安并安抚对方，会做出各式各样的动作，这些动作被称为"安定信号"。而其他狗狗在面对做出安定信号的狗狗时，也不会出现攻击等挑衅行为。

主人发现狗狗发出安定信号时，应停下命令或警告狗狗，让狗狗先从不安或紧张的情绪中解放，将心情放松下来。

不安与紧张的信号 "行为"

打哈欠

除了想睡觉的时候，狗狗在想要安抚对方的怒气或是缓解自己的紧张时也会打哈欠。

背对着人坐下

狗狗将身体转向后方，以背对人的姿势坐下，也是一种想要安抚对方并化解紧张情绪的动作。

不安与紧张的信号 **"肢体语言"**

舔鼻头

狗狗紧张时，会伸舌头舔自己的鼻头，让自己冷静下来。

尾巴下垂

尾巴向下低垂、将身体姿势放低的样子也是狗狗感到紧张不安时的表现。

耳朵往斜后方倾斜

狗狗紧张时耳朵会往斜后方倾斜，若是非常紧张时，耳朵会变得完全贴平。

缩成一团

狗狗因为不知道如何是好而感到不安和困惑时，会出现低头、缩成一团的姿势。

信号8 恐惧

车辆、声音、水、陌生人等，都是可以让狗狗产生恐惧感的对象。狗狗有时也可能因为无法克制自己强烈的恐惧感而出现攻击行为。

虽然帮助狗狗克服恐惧感是一项很重要的工作，但切忌使用强迫的手段，否则很可能会让狗狗感到更加害怕。主人应耐心地以循序渐进的方式，慢慢让狗狗习惯外界的环境和陌生人，才能帮助狗狗真正克服恐惧感。

恐惧的信号 "行为"

一边吠叫一边向后退

这种行为表示狗狗在感到害怕的同时，也在寻找反击的机会。吠叫声会随着害怕的程度而变得越来越高亢。

躲进狭窄的地方

狗狗感到害怕时会躲进狭窄的地方或房间的角落。

恐惧的信号 "肢体语言"

身体伏低、全身发抖

狗狗将身体的姿势压低、缩成一团，全身发抖。

将脚缩起

缩着脚，有时会向后退。

夹起尾巴

将尾巴夹在两腿之间。

耳朵贴平

耳朵向两侧或后方完全贴平。

眼皮下垂

眼皮下垂，呈现眼睛半开的状态。

嘴巴半开

嘴巴半开、松弛无力的样子。

做个懂教育的主人

　　狗狗的一些行为问题是由主人造成的，如果你不信，我们可以一起来看看以下的情景，看看你熟悉不熟悉吧。

撕咬物品

　　如果你经常把破旧的鞋子或抹布扔给你的狗狗当玩具，那么它就会叼走家里人的衣服和鞋子，或者撕咬它们。因为它已经习惯了拿那些东西当玩具，在它的认知里，这些就是它的玩具，它并不懂得分辨哪些是主人需要的，而哪些是主人不需要的。

乞求食物和偷吃食物

　　如果你在用餐时，因为狗狗可怜巴巴地望着你，你就忍不住将自己的食物喂给它吃；或者你刚刚将狗狗从救助中心接到家里，就爱心泛滥地、毫无原则地宠爱它，那你实际上是在犯很严重的错误。你的行为会使狗狗养成在饭桌边守候的习惯，以后的每一天，它都会在你用餐的时候坐在你身边一边流口水一边守候着。它会一直坐在那里，向你索取食物，甚至发出一些声音来吸引你的注意，直到你从盘子里拿食物给它吃才肯罢休。

玩游戏

如果玩拔河游戏的时候，主人总是让狗狗取得胜利的话，狗狗就会认为它才是主人，那它也就不会再继续听从你的命令了。你可以邀请狗狗跟你一起玩游戏，但最后要由你来结束游戏，让它明白你才是那个控制局面的人。如果狗狗把玩具扔到你跟前，企图让你继续陪它玩，你一定要狠下心来不理它。如果你只图一时清净，把玩具又给它扔回去的话，狗狗立刻就会错误地认为，只有它才有权力让游戏继续下去，而不是你。

爬沙发

狗狗不会自己去爬沙发。有时是主人邀请它到腿上坐着，因为"它娇小可爱，渴望主人的爱抚"。其实，不养在居室的狗狗，脑子里根本就不会有爬沙发的概念。所以，爬沙发这个坏习惯其实是由主人一开始的纵容而引起的。

粗野的互动

如果你想躺在地板上跟狗狗一起玩摔跤，那可能会使它试图控制游戏的局面：通常你会被狗狗压在下面，而狗狗会高高在上并且撕咬你的衣服。等到它不小心咬了你，弄伤你的身体，你才会站起来，让狗狗走开。也许直到此时，你才意识到狗狗养成了坏习惯，变得具有攻击性了，实际上狗狗的这一行为只是它在与人居住时惯用的行为方式。你也许能够容忍一只小狗有这样的行为，但当它长大以后，这个行为就会演变成严重的问题。

奖励代替惩罚

想让狗狗在听到指令后做出相应的行为并不是一件简单的事。长时间反复的训练固然重要，但训练方法才会起到决定性的作用。

网上有很多分享狗狗训练心得的帖子，说法五花八门，让新手主人不知道该用什么方法去训练狗狗。有些主人选择用赏罚分明的方法对狗狗进行训练，有的主人只用处罚的方式，但作为一个疼爱狗狗的主人，看到处罚的方法，内心第一反应应该是"我尽量不去使用"。

用处罚的方式对待狗狗，会导致狗狗产生恐惧、焦虑等不良情绪，还会导致更多的行为问题不断出现。最常见的两种就是攻击和破坏。恐惧会导致狗狗产生被动防御（攻击行为），多次被动防御后会变成习得性攻击。焦虑情绪会导致狗狗出现破坏性行为，不只是破坏周围的物品，严重的会过度舔舐自己，把自己的爪子舔破导致溃烂。

对于狗狗的错误行为，不要急着处罚它，先想想身为主人，在这件事情上是否明确地教过狗狗应该怎么做。如果没教过，却对狗狗加以处罚，那么你的目的是什么？难不成只是因为生气而发泄？如果教过，狗狗是否已经明白你所传达的意思了？狗狗若是没学会，处罚它又有什么用呢？

奖励对于狗狗来说，才是最期待的一件事情。热情永远都不是在处罚中激发出来的。如果想让狗狗的行为有所改善，并一直保持学习热情，那就尽情地奖励狗狗的正确行为吧。

养成遛狗的好习惯

养狗狗是一定要训练的，而训练本就来源于生活。我们不仅要对狗狗负责，还要对其他人和周边环境负责。无论是作为一个公民，还是一个社区成员，又或是文明养犬人，出于文明，我们出门遛狗时一定不要破坏环境和治安。

外出遛狗，一定是狗狗一天中最开心的事情。带狗狗出门，牵引绳和方便袋这两样物品是文明养犬人出门遛狗的必备品。牵引绳对狗狗来说就是一条"生命线"。因不带牵引绳导致的事故有很多种，比如狗狗走失、打架、伤人、被毒害、交通事故等多种可怕后果。握紧手中的牵引绳，是对每一位行人及车辆负责，更是对狗狗的生命负责。

当狗狗在外面想要排便时，应该使其选择在远离街道且允许踩踏的地方进行。排便后，方便袋是清理粪便的首选。把方便袋套在手上，直接将便便装在袋内，系好扔进垃圾桶。除了牵引绳和方便袋，还应该带些纸巾或尿垫，这样在狗狗拉肚子时也可以清理干净。

除了以上提到的必备物品外，还有一些物品也很重要。

嘴罩

对于有攻击性的狗狗，出门遛弯儿、洗澡、去医院检查都应该戴上口罩。戴口罩后可以避免很多不必要的麻烦。比如遛弯时遇到很喜欢狗狗的人，但不巧的是狗狗对这个人并不友好，口罩就起到预防伤人的作用。

止血粉 / 消炎药

狗狗在外面很容易受伤：跟其他狗狗打架、被尖锐硬物划伤、把指甲磨出血等。这些不可避免的意外有很多，主人带上药品可以保证第一时间给狗狗止血、消炎。

梳子

很多主人喜欢在户外给狗狗梳毛，如果可以将梳下来的毛处理干净，不影响到环境，确实是个好习惯。

消毒液

如果狗狗有传染性皮肤病，主人尽量不要带到人狗密集场所和草地等处，以免传染给其他狗狗。在一个地点长时间停留并清理狗狗身上的毛后，一定要给所在环境消毒。

便携式水碗

狗狗在外长时间遛弯或者与小伙伴们玩过以后，主人记得要及时给狗狗补充水分。

零食

零食在户外的作用很大，可以用于狗狗的唤回训练。在狗狗玩耍的过程中，呼唤狗狗回到身边，然后奖励零食，不但进行了唤回训练，还可以增加狗狗对你的信任，同时也让狗狗学会情绪控制，无论在什么情况下，只要听到呼唤都可以让它情绪平稳，并乖乖回到主人身边。

选择无害清洁用品

　　家里多了一只狗狗后，欢乐多了，麻烦事儿也随着增多了，打扫就是其中之一。但许多人工合成的清洁剂并不适合用在有狗狗的环境里，接下来向大家介绍几种对人与狗狗健康无害的自然配方清洁用品。

小苏打

　　小苏打可用于清理狗狗的尿液。将狗狗的尿液擦拭干净后，撒上小苏打粉，再用吸尘器吸干净就可以了。

醋

　　将米醋用水稀释两倍后放入喷雾瓶中，喷洒在有异味的地方，具有除臭和杀菌的作用。

橘子皮

　　用熬煮过橘子皮的水来擦地板，可将地板擦得闪闪发光，最适合用来清洁沾到狗狗口水的木质地板。

盐

　　狗狗趴在落地窗上向外张望的时候，很容易将口水沾到窗户上，主人可用拧干的湿毛巾沾上盐后擦拭清理。

面粉与牛奶

　　将面粉与等量的牛奶搅拌在一起代替去污剂，能有效清除各式各样的脏污。

你养得起一只狗吗

　　狗的平均寿命是 12 年，这对它的主人来说，无论在精神上、体力上和经济上，都是一个为期不短的考验。

　　排除掉犬种的差异性以及购买犬只的费用，从刚开始饲养狗狗算起，一只小型狗狗所需要的狗粮费、疫苗费及生活用品费等，需要 5000 元左右，之后每年需要支出 6000~15000 元。让我们一起看看这些费用都花在了哪里：

　　中大型犬只，按常规消费喂养，一只犬一个月主粮 500 元左右，基础营养品（钙片微量元素）100 元，基础洗护 200 元，驱虫 100 元，零食 200 元，一个月大概 1100 元，一年大概所需费用 13200 元；小型犬只常规普通喂养，主粮 300 元左右，洗澡美容 300 元，营养品 200~300 元（小型犬主几乎都会用美毛产品），零食 200 元左右，一个月大概 1100 元，一年大概所需费用 13200 元。

　　除了以上固定费用外，还可能产生狗狗行为课堂或宠物寄养等额外支出，因此在养狗前，主人必须先仔细考虑自己的经济能力。因为从一只狗狗进入你家的那一刻起，你就是它的全部，一旦被遗弃，它将一无所有。而当你把它抱回家的那一刻起，你就已经肩负起饲养它一生的责任。

领养代替买卖

　　在领养狗狗的各种渠道中，有一种渠道特别适合领养者，那就是去各个领养机构和救助中心免费领养狗狗。随着人们对养狗态度的逐渐改变，随着领养机构日渐增多，人们都想对那些弃养的流浪狗奉献一份爱心。领养代替买卖的观念也随之被越来越多的人认可。

　　救助中心的狗狗之所以被狠心地遗弃，大多是因为它们身上的某些不良行为使得它以前的主人无法忍受。它可能非常好斗，有很强的破坏欲，又或者喜欢随地大小便，甚至具有所有这些坏毛病。不论什么原因，它的前任主人一定是已经忍无可忍了才会抛弃它，那么，在领养这样的狗狗之前，你凭什么相信自己可以应付得了这些局面呢？

　　一旦决定收养某只狗狗，你就一定要给它一个温暖舒适的新家。别以为你做了它的新主人，它身上的那些坏毛病就会在一夜之间奇迹般地消失。你要做好思想准备，在未来的一年甚至更长的时间里，你随时都会遭遇它的那些"恶习"——未改的行为。当然，有一些狗狗很快就能从旧日的阴影中走出来，融入新的家庭中，可有一些狗狗就很难做得到。

对你或对一只弃狗来说，没有任何收养理由可以断言就是正确的。你大可不必考虑它长什么样子，也无须去想它有多么可怜，最重要的是，你和你的家人能够与它和睦相处，那就足够了。

需要注意的是，虽说全家人一起去挑选弃狗是个不错的想法，但切记不要这么做。最好把孩子留在家里，因为孩子一时的热情可能会让你做出错误的决定。一旦你看中了某只弃狗，应向救助中心工作人员了解一下它的情况，直到确信它是适合你的狗狗，而你也是适合当它的主人。到了这时候你再把孩子带过去，看看孩子见到狗狗后有什么反应。

切记，关于那些弃狗的背景，救助中心的工作人员所知道的，也仅仅是狗狗来到救助中心后的情况。只有当你把狗狗领回家之后，它本身的性格、脾气等才会渐渐地显露出来。

问问你自己，是不是真的愿意投入一定的时间和金钱来训练以及帮助那个可怜的小家伙，而且，这可绝不仅仅是一两天的事情。

注意，在决定收养一只弃狗之前，你最好先找驯狗师咨询一下，再做出理智的决定。

在承诺照料一只弃狗之前，一定要经过慎重的考虑。

一句承诺，一生负责。

CHAPTER 02
训练
要从幼犬期抓起

狗的 3~12 周（3 月龄）是黄金社会化期，这时五官发育，进入社会性好奇心旺盛的阶段。它们通过父母犬、同胞犬学会各种行为表达模式和社交能力。这段时期也是狗狗养成良好习惯的关键时期，所以不能将幼犬过早地与父母兄弟姐妹分离，否则会产生一些行为问题。

在幼犬时期，狗狗如果能较早地受社会化训练，能大大提高日后的生活质量，成为一只心理健康的狗狗。

将受社会化训练不仅可以帮狗狗建立安全感，使之不胆怯，还有助于狗狗与主人或者陌生人建立良好的平衡关系，除此之外，还有利于狗狗与生存环境、共生动物建立关系，友好相处。

如何拥有社会性

狗狗拥有社会性是指让狗狗更好地融入家庭生活，对周围的环境、人、事物不产生恐惧。

训练方法

1. 狗狗出生 24 小时后，便对冷热变化有紧迫反应，主人应利用窝底材质让其对居住的小窝产生习惯性。

2. 用手轻轻抚摸正处于睡眠中的幼犬，让它熟悉人类手的气味和动作。

3. 训练狗狗接触新事物，当它看见新物品或陌生人时，及时给予奖励。8~13 周大时，开始让它逐步接触更多不同类型的人（至少 100 个人），其中一半男人一半小孩。每个人轮流进行抚摸—怀抱—喂食。（注意：这时如果幼犬出现用牙齿含咬主人手的行为，应立即命令其停止该动作，放下幼犬，无视它两分钟，待它安静后再抱起。）

当狗狗听到巨响时，比如鞭炮声、门铃声、汽笛声等，也应立即给予安抚。

训练狗狗的社会性，还有一个行之有效的方法，就是让它和性格较好的成犬一起玩耍。玩耍的过程中，成犬可以教会幼犬怎样互动。需要特别注意的是，一定要确保每次社会化体验都是良好的，不要让幼犬产生负面体验。

如何度过恐惧期

狗狗幼年会出现四个阶段的恐惧期，分别为 8 周龄左右、4~5 个月、10 个半月左右、14 个半月左右。在这四个时期，要特别注意幼犬的行为反应和状态。

训练方法

在恐惧期，狗狗一般会开始小心翼翼地探索每一个新事物，所以，事先安排好会出现的刺激非常必要。但需要注意的是，不要用过于激烈的方式对待它，要温和、淡定地处理它的情绪，在它表现出安静下来的时候，一定要给予奖励。

如何接受肢体碰触

训练方法

1. 每天轻轻碰触狗狗的身体各处，检查耳朵及四肢。

2. 去给狗狗做美容或者医院检查时，避免拎它起来，尽量让它放松，抱着它到美容台或检查台上。

3. 在给狗狗戴项圈和牵引绳时，一定要手拿项圈和牵引绳慢慢向它靠近，每接触一次就给予零食奖励与口头夸奖，直到狗狗不再拒绝并配合戴上为止。

特别提示

训练时要小心观察狗狗有没有出现紧张的征兆，例如舔舌、打哈欠、出爪、张大口或急促喘气。如果看到这些征兆，你就需要温柔一点儿，缓和一下它的紧张情绪。另外，零食可以有效缓解狗狗的紧张情绪。

尽量找不同的人在不同的地方和狗狗练习。不同的狗狗练习的时间也各有长短，你需要循序渐进、持续且长时间地对其训练，直到它感到轻松、自然。

食物拒绝单一

幼犬断奶后除了吃犬粮，还应适当增加一些安全有营养的零食，可以当作奖励使用。这样可防止狗狗成年后因食物过于单一而导致进食不积极。

玩具多样化

每天给幼犬放一个不同的玩具，比如啃咬玩具、漏食玩具，这样可以让幼犬学会独处。在航空箱里，幼犬可以安心地玩儿玩具、休息。

社会化训练需要主人有耐心和坚持，至少持续一年。在训练过程中，时刻注意人、事物与狗狗的距离，控制刺激强度，让狗狗主动接近，不可强迫。同时，还需时刻注意观察狗狗的肢体动作，如果不能保证狗狗对每项内容留下好印象，宁可不做。只有做到这些，狗狗才能自信且快乐地成长。

CHAPTER 03

"狗狗好公民" 必备技能

狗学习家庭礼仪是非常必要的。

狗要狗狗学会一些技能不是为了炫耀你的狗狗有多聪明，当狗狗学会这些技能以后，狗狗会变得更善于观察、思考，会从上蹿下跳的小淘气蜕变成沉着稳重的守护者。

狗狗需要训练什么、什么时候训练、怎么训练一直是困扰主人的事情。想要狗狗有良好的表现，奖励是制胜法宝。任何让狗狗期待的人、事、物、声音、气味等，都是奖励狗狗的法宝。主人的夸奖、零食、玩具无一不是狗狗所期待的。只要有了奖励，狗狗会很快达到你的要求。

训练源于生活，融于生活。仔细观察一下，当你准备带狗狗出门时、当你和家人在用餐时、当家里来客人时……狗狗都会做出什么表现，什么时候该做什么事情，这些时刻都需要主人帮助狗狗去学习。

这一章会介绍一些生活中经常需要运用到的技能，我们又称之为"基础训练"。

训练项目

佩戴项圈

项圈，对狗狗来说是最能激发热情的东西，因为它代表出去玩耍！不过大部分狗狗刚开始的时候对项圈都是很抗拒的，有些狗狗会躲，有些狗狗戴上项圈就不走路了，有些狗狗甚至会出现咬手的行为，所以教狗狗习惯佩戴项圈是一项必要的技能。

训练方法

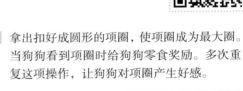

1 拿出扣好成圆形的项圈，使项圈成为最大圈。当狗狗看到项圈时给狗狗零食奖励。多次重复这项操作，让狗狗对项圈产生好感。

当狗狗对项圈产生兴趣后，手拿着 2 牵引绳，使项圈与地面垂直，高度与狗狗头部平齐。另一只手拿着零食，穿过项圈。诱导狗狗把嘴靠近项圈，把零食奖励给狗狗吃。

当狗狗可以顺利完成主动佩戴项圈这一动作后，带狗狗走几圈，如果狗狗有抗拒的行为，就用零食诱导。当狗狗可以跟着走时，就可以将项圈扣在稍紧一些的位置。松紧度以项圈与狗狗脖子的间距为成人一根手指的宽度为宜。

3 当狗狗放心吃掉靠近项圈的零食后，就诱导狗狗把嘴伸进项圈，然后把零食奖励给狗狗。诱导狗狗把头部伸进项圈，给狗狗奖励。重复训练多次以后，狗狗就会主动将头伸进项圈。

特别提示

第一次的感受会让狗狗印象深刻，所以不要强行给狗狗戴项圈。那样会让狗狗感到紧张、恐惧，甚至产生被动防御等负面效果。

开始训练时，要保证项圈比狗狗头大，可以让狗狗轻松钻进。

训练项目

进出航空箱

　　航空箱并不是用来给狗狗关禁闭的，相反，是为了给狗狗一个安全舒适的空间，所以训练狗狗进出航空箱的初衷尤为重要。

　　航空箱的用途可不只是在家给狗狗当窝使用这么简单。它的用途很广，外出旅游它是狗狗的安全座椅，也是纠正狗狗行为问题的重要辅助工具，必要时也可以用它来进行隔离。

将航空箱的门虚掩，把好吃的零食放在航空箱内侧的门口。狗狗会急着去扒门，如果扒不开，主人要帮助狗狗把门打开，让狗狗吃到零食。这样狗狗不会因为航空箱的门突然响动受到惊吓。当狗狗对门的响声无反应后，进行下一步。

1
2

航空箱门打开，向里面扔零食。等狗狗主动进去吃掉零食出来后，继续向里面扔零食。反复多次，当狗狗可以顺利进出航空箱后，进行下一步。

做出手势同时下口令"进"，狗狗进去后关门，当狗狗吃完零食，不要急着开门。继续向里面扔零食，持续扔两次，每次在狗狗吃完后要等待几秒钟后再开门。时间要掌握准，不要等太久，要在狗狗出现着急扒门行为前开门。

用手指向航空箱内，同时下"进"的口令，然后立刻向航空箱里扔零食，当狗狗进去后，把门关上。一定要重复练习，做到当狗狗吃完出来后还想立刻进去，再进行下一步。

 特别提示

刚开始进行训练时，不要急着让狗狗在里面待太久，那样会适得其反。航空箱门可以一直开着，喂水、喂饭都可以在里面进行，期间可将门关上。想让狗狗长时间在航空箱里，骨头或者磨牙棒这类吃起来时间很长的零食，是绝佳选择。

不要强行将狗狗塞进航空箱，也不要试图将狗狗关禁闭，那样会使狗狗对航空箱产生恐惧，也会对主人产生恐惧。狗狗需要的是奖励，惩罚只会让狗狗焦虑。

进出门

"世界那么大，快带我出去转转。"每次准备出门的时候，狗狗都像打了鸡血一样，是不是感觉它都控制不住自己了？出了门还要边走边回头，不停地催促你：为什么那么慢？你快点啊！

狗狗之所以会有这样的表现，是因为它们没有情绪控制能力。要解决这个问题其实很容易。

训练方法

1 拿出牵引绳，当狗狗表现出兴奋的时候不要去理它。等狗狗安静下来，再给它戴上牵引绳，带到门口让它坐下。

2 在狗狗坐下后，发出"等"的口令，准备开门。开门动作一出现，狗狗会立刻站起来，这时主人要把手收回，重新让狗狗坐下。开门时狗狗若冲动，就把门关上，重新等待。

训练方法

3 狗狗坐下后只要保持两秒钟以上，主人便可说
"OK"，同时立刻开门，奖励狗狗可以出门。

带狗狗出去象征性地遛一圈，然后 **4**
回家重复以上训练步骤。让狗狗冷
静的时间要逐步加长。

🐑 特别提示

　　这是一项针对性训练，不适合在狗狗尿急时进行。
　　训练的难度要循序渐进，训练前期狗狗没理解训练目的时候，不要一次性增加
过长的时间，这样会让狗狗失去信心。

乘电梯

    乘坐电梯，对狗狗的社会化程度要求很高，也需要主人有文明的养犬意识。密闭的空间，电梯升降带来的不适感，陌生人的增加、靠近甚至触碰都是刺激狗狗出现问题行为的因素。而在乘坐电梯时，这些都是无可避免的。如何文明乘坐电梯就成了许多狗狗生活中的必修课。

训练方法

1 想带狗狗乘坐电梯，需要对狗狗进行足够好的社会化训练，且需要让狗狗先学会"等待"技能。

2 在等电梯时，先发出"等"的口令，让狗狗坐等在主人身边。牵引绳要牵短一点儿，这样就可以有效控制狗狗，防止它突然做出不礼貌的举动。

55

如果电梯人数较多、空间狭小，要选择下一趟人少的进入。在进入电梯之前，要先询问梯内人员的意见，如果都没有意见再进入。进入电梯后，带狗狗站在人少且靠近门的一侧，让狗狗挨着主人。确保后面的人进电梯前就看到狗狗，是明智的选择。

下电梯时，先让其他乘客下梯，再观察一下电梯门外的情况，确保没有问题再带领狗狗走出电梯。

特别提示

如果狗狗平时对陌生人不友好，不要带狗狗进入电梯。

在电梯内，一定要拉短狗狗的牵引绳，保证狗狗在可控范围内。牵引绳不要拉得太紧，以免对狗狗造成压力，导致狗狗对其他乘客造成伤害。

避开早晚高峰期乘坐电梯，如果楼层不高可以选择走楼梯。

上下车

载狗狗出行是生活中常有的事情,狗狗第一次上车的感受是至关重要的。如果是在抗拒中被强行弄上车,之后想让狗狗喜欢上车就需要花很多精力了。

训练方法

1 可以在车内放置航空箱,将狗狗带到车门前,往航空箱内扔零食,诱导狗狗进入航空箱。

当狗狗进入航空箱内后,继续向航空箱内投放零食。将航空箱门关上后,隔着航空箱门喂狗狗吃零食。还可以把狗狗喜欢的漏食玩具、磨牙棒等放在航空箱内,让狗狗独自在航空箱内时有事可做。 2

訓練方法

到达目的地时,主人先让狗狗坐好,等待,等戴好牵引绳再开航空箱门。如果狗狗急着向下跳,要把门虚掩上,下"等"的口令。这个时候要注意观察周围环境,确认环境安全后再开车门。狗狗下车后,主人要命令其坐在自己身边,直到关门锁车一系列操作完成后才可以离开。

特别提示

1. 行车过程中,狗狗应有人陪同,或固定在后座上,以免影响安全驾驶。

2. 狗狗乘车前尽量不进食进水,以免增加晕车不适感,导致呕吐。如果狗狗出现晕车症状,要将狗狗放入航空箱内。航空箱要铺上碎纸屑。

3. 狗狗出现呕吐、流涎等反应,主人要注意平稳行车,避免更严重的晕车反应。且车窗要开一条小缝,在狗狗不会钻出去的前提下保证通风。

4. 如果狗狗出现过激行为,需要从短途开始训练。每次上车都要有奖励与安抚,特别是下车,一定要有好事情发生。行车过程中车速要慢且平稳。

轻松唤回

很多主人在向驯养师咨询行为问题时，被提到且频率居高不下的一项就是唤回。主人撕心裂肺地喊叫，狗狗依旧装聋作哑。其实，不是狗狗不想理你，而是你的处理方式不对。要想狗狗对你的呼唤立刻做出反应，就要打开狗狗的心结。当狗狗可以被轻松唤回时，就会避免很多环境中突发的危险！爱狗的你要认真学习了！

训练方法

找个安静无干扰的环境，给狗狗戴上牵引绳，将牵引绳的一端固定在你的脚周围。这时狗狗的注意力自然会在你身上。叫狗狗的名字，不管狗狗看不看你，都要往狗狗的视线范围内扔一个零食给它吃。

请另一个人在旁边干扰狗狗的注意力，走路或发出声，只要不会吓到狗狗就可以。你要做的还是叫狗狗的名字，这时候不再是扔给它零食，而是让狗狗听到呼唤后抬头看你并向你走过来，你再喂它零食，并带它离开此区域。

训练方法

3 去掉牵引绳,重复步骤1和步骤2的训练,相信狗狗会很快做出反应。

4 如果狗狗做得非常好,就找一个稍微大一点的地方重复步骤1和步骤2的训练。直到狗狗彻底领悟为止。

🐑 特别提示

　　1. 狗狗之所以叫不回来,原因有很多种。归根结底,都是因为回到主人身边后没有好事情发生。所以让狗狗学习到"主人的呼唤等于有好事情",是解决问题的根本。

　　2. 如果平时很听话的狗狗突然叫不回来,一定要冷静。狗狗一定被更具有吸引力的事物吸引了。这种情况只是暂时的,在确保狗狗安全的情况下,可以让狗狗探索一番。如果强行拉回并处以惩罚,对狗狗来说是很不好的体验。久而久之,狗狗会理解成主人的呼唤等于被处罚。

训练项目

等食

　　每天吃饭，一定是狗狗最开心的事情之一。很多狗狗过于激动，经常会扑到主人身上，可能会打翻食盆，然后兴高采烈地吃掉地上的粮食，根本不管主人的情绪。所以，学会等食会让狗狗一秒变成乖巧懂事的毛孩子。

1

将一顿饭的量分成若干份。手拿着食盆，
里面放几粒粮食，让狗狗坐下，说"等"，
然后慢慢将食盆放低。

2

如果狗狗迫不及待地起身，便将食盆重
新抬回至原先的高度。让狗狗坐下，说
"等"。

如果狗狗没动，说"OK"，让狗狗吃到粮食。

3

4

这次狗狗得到粮食，下次训练时放下食盆的高度就要比上次低一些。反复重复以上训练，直到狗狗可以做到为止。

特别提示

等食训练要注意两点。一是动作要慢。快速的动作会刺激狗狗兴奋起来，导致训练多次失败，让狗狗失去信心。二是距离要小。每次食盆下降的距离要短，这次下降5厘米，下次下降7厘米或者8厘米。逐渐增加狗狗的稳定性，不要操之过急。

每次停顿的时间也要慢慢增加，不要一次让狗狗等太久。

刚开始哪怕狗狗等了两秒钟都是进步，要抓住这个机会，在狗狗没动之前说"OK"，然后放下食盆给狗狗吃。

训练项目

大小便训练

　　在正确的地方排便，是一只懂礼貌的狗狗必备的行为习惯。大小便训练要趁早，且方法要正确。狗狗排便的地点应选在狗狗方便前往的地点。狗狗在睡醒后、饭后、运动后最容易排便。狗狗排便的征兆是，突然步伐加快，低头闻地，并且徘徊或者转圈。所以，要把握住狗狗每次排便的机会，训练才会更早成功。

室内大小便训练

1 固定好围栏，在规定好的排便地点铺满报纸或狗狗专用尿垫。预测狗狗到了快要排便的时间，将狗狗带到排便地点。静静等待它排完便立刻奖励。

2 前期，狗狗排便后不要立刻清理干净。留下便便的气味，让狗狗对这个地点产生联系。

3 狗狗到指定地点迅速排便后，说明狗狗已经知道要去指定地点排便。

4 如果狗狗每次都可以准确地在报纸或尿垫上排便，就可以不断减少报纸或尿垫数量。最终只留下一张，狗狗会准确地在那张报纸或尿垫上排便。

 特别提示

　　如果狗狗在不正确的地方排便，不要责罚它。责罚只会让狗狗更焦虑。

　　做对要奖励，做错要忽略。

　　每次狗狗排便前，可以加上口令"嘘嘘""臭臭"等信号，信号由自己定。长期给狗狗建立这些信号，狗狗就会在听到这些信号后先排便，再做其他事情。

训练方法

室外大小便训练

●●●●● ●●

　　在训练狗狗去室外上厕所之前，我们需要准备一根牵引绳和方便袋。我们想要带狗狗上厕所的时候，可以给狗狗戴上牵引绳，带狗狗去到你想要狗狗上厕所的地点，站在那里不动。等狗狗排便之后，给予奖励并继续散步玩耍。如果狗狗不排便，一定要站着不动，也不要去搭理它，让它明白，只有在外面排完便才会继续散步玩耍。

　　需要注意的是，无论哪种训练方法，在训练过程中狗狗出现任何错误的行为，都不要打骂，更不要惩罚！如果你在狗狗排便的时候或者排便之后，用打骂恐吓等方法处罚狗狗，很容易让狗狗理解为不能当着主人的面上厕所，否则会被打，或者主人不喜欢便便。所以，狗狗以后就不会当着你的面排便，而选择沙发后面或者一些隐蔽的地方，也有的狗狗会在排便之后立刻吃掉，只是不想让你看见便便而已。

特别提示

　　狗狗在睡醒后、玩耍后、餐后都是会排便的，无论室内还是室外，大小便训练都可以集中在这几个时间点做。

坐下

　　几乎所有的狗狗第一个学会的动作都是坐下。对主人来说，坐下这个动作几乎不用教，只要对着狗狗不停地说"坐"，狗狗就会了。事实上，用这种方式教导狗狗速度慢且有局限性。部分狗狗只在特定情况下才坐下，比如看到零食时。教狗狗坐下不只是让狗狗稳定下来，还是解决狗狗行为问题的常用辅助技能。

训练方法

1 把狗狗喜欢的零食放在狗狗鼻子部位。

2 把零食从狗狗鼻子处移向头顶，狗狗会抬头追着食物。到达一定高度后，狗狗会顺势坐下。

训练方法

3 当狗狗坐下的同时，说"坐"，并且给予奖励。

4 当狗狗每次都被诱导成功后，变成先说"坐"，然后诱导。反复多次后，狗狗就可以听口令坐下。

特别提示

诱导时不要把食物拿得太高，狗狗会尝试着后脚着地站立起来。

当狗狗不能顺利完成整套动作时，就将难度降低。只要诱导至狗狗后腿弯曲就奖励，慢慢诱导成屁股着地的行为。

让狗狗自己理解动作，不要强行将狗狗按坐下。

等待

等待是教狗狗学会控制情绪最有效的方法，也是最基本的技能。跟"坐"一样，其是解决狗狗行为问题的重要辅助技能。等待这一技能在狗狗生活中的应用很广泛，比如在家乖乖等吃饭，不会因为着急扒翻食盆；在外等主人买菜，不会乱跑。等待技能的实际用途还有很多。学习等待之前，可以先让狗狗学会"坐"和"卧"。坐等和卧等会大大增强狗狗等待的稳定性。

训练方法

1 让狗狗坐下，说"等"。狗狗保持坐姿5秒钟以上，主人就奖励给狗狗零食，然后继续说"等"。时间增加至10秒。狗狗没动，主人就奖励给狗狗零食。

重复上面操作，将时间增加到半分钟，然后增加难度。让狗狗坐等后，向后迈出一步，再回到原地。狗狗没动，主人就奖励它好吃的零食；如果狗狗动了，主人就迈半步或者横跨出一只脚。狗狗不动，主人就奖励。

2

3 如果狗狗可以在主人迈出几步后保持不动的状态，主人就增加难度。主人迈出几步后原地站立几秒钟，狗狗没动就要给予奖励。如果狗狗动了，主人重新开始，迈出几步后，原地站立几秒钟（比上次减1秒）；如果狗狗又动了就再减1秒。

特别提示

如果狗狗学会了等食，这项训练就简单多了。

主人要善于给狗狗创造成功的条件，容易成功，狗狗才会有耐心学习。

等待的时间和主人离开的距离，是练习等待的两个要素，难度的增加要适度。

趴下

　　趴下是狗狗学习生涯中最基本的实用性技能之一，也是很多娱乐性技能的过度技能。再学会趴下，再学习装死、匍匐、翻滚等技能就不是问题了。

训练方法

1 先让狗狗坐在主人对面。把食物放在狗狗鼻子前，狗狗表现出想吃的欲望后，从鼻子处垂直移向地面。

2 狗狗头部会跟着食物的移动轨迹贴近地面，从而顺势趴下。当狗狗出现趴下的行为后，说"趴下"并立即奖励。反复练习，狗狗会越来越熟练。

特别提示

　　如果狗狗不能顺利完成该动作，不要强行按倒，狗狗会抗拒。

　　如果狗狗一直不能顺利趴下，就暂时停止训练。观察狗狗的举动，等狗狗自己趴下的时候立刻奖励大把零食。

松绳随行

随行技能考验的是狗狗跟主人之间的信任程度。对于经常遭到强迫或者呵斥的狗狗来说，这项训练会稍有些难度，因为狗狗不敢长时间和主人保持近距离接触。当然，这也是改善狗狗和主人关系的方法之一。

训练方法

1 让狗狗站在主人一侧，保持它的肩胛骨与主人的腿外侧贴近。另一侧的手里拿着零食从身前喂给狗狗吃。

2 手里拿着零食诱导狗狗，向一侧转90°，说"走"，停止后说"停"。狗狗贴在一侧跟着主人转向一侧，停下后，主人奖励零食。

訓練方法

3
4

狗狗不出错顺利完成后，主人向前
走一步，说"走"，主人停下后说
"停"。若狗狗能够跟主人步伐一致，
就奖励给狗狗零食，然后可以增加
步数。

继续步骤1的操作。只要狗狗跟主人步调保持一致，
就给奖励。

特别提示

　　找个安静无干扰的地方开始
训练。
　　狗狗自身的理解才是训练成
功的关键。
　　当狗狗可以听口令随行后，
可以适当增加干扰。

CHAPTER 04
"狗狗好公民"
要改掉这些行为

很多狗狗都会出现或多或少的"行为问题"，而这些"行为问题"的起因，其实只是狗狗天性的一种表达方式。而导致问题越来越严重的就是主人错误的处理方式，无意间强化了狗狗表现出的不被主人喜欢的行为。主人对待狗狗的方式正确与否，决定了人狗关系的发展方向。

不管狗狗做出什么让人困扰的行为，主人都决不可以对狗狗施加体罚。狗狗遭受体罚会对它的心理造成创伤，容易让狗狗变得特别胆小，害怕任何人或事物，有些狗狗会因为害怕恐惧而引发攻击行为。

所以，当狗狗出现问题行为时，主人切忌不分青红皂白地责骂狗狗，而是应该仔细观察，找出这些行为发生的原因，并采取正确的方式教导狗狗。只要能给予狗狗正确的行为教育，大部分行为问题都能获得解决。

当狗狗养成一个不被喜欢的行为习惯后，可以通过科学的管理和训练方法降低狗狗不被主人允许的行为发生的频率。若想让狗狗自己改掉坏习惯是不可能的，只有通过训练的方式，才能让狗狗在不被控制的情况下，出现特定刺激物后，自觉做出主人希望它做出的行为。

狗狗的任何问题行为，都有发展阶段。在这些不被允许的行为出现的初期，如果可以被主人正确引导，那么就不会变得严重。而且所有的问题在初期时才容易被引导改正，一旦问题发展到一定程度再解决就会更加费时费力。问题形成的时间越长，解决的难度就越大，甚至发展成不可逆行为，即使通过专业训练也不能明显地降低狗狗行为的发生频率。所以，在狗狗出现不被允许的行为时，就要注意防范，避免愈演愈烈。预防问题远比解决问题轻松。

挑食

狗狗挑食是困扰很多主人的问题，病痛、食物品质、狗狗行为等诸多因素都会导致狗狗挑食。

多数主人看到狗狗不吃饭，就会另外给狗狗吃些零食。所以，狗狗学习到的是：不吃狗粮就会有更好吃的食物。主人应该教给狗狗的是：只有吃掉碗里的食物后才会有更好吃的食物。

训练方法

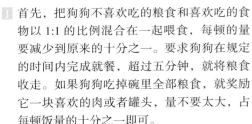

1. 首先，把狗狗不喜欢吃的粮食和喜欢吃的食物以 1:1 的比例混合在一起喂食，每顿的量要减少到原来的十分之一。要求狗狗在规定的时间内完成就餐，超过五分钟，就将粮食收走。如果狗狗吃掉碗里全部粮食，就奖励它一块喜欢的肉或者罐头，量不要太大，占每顿饭量的十分之一即可。

2. 狗狗得到奖励后，会继续追着主人，一定要忍住不去理会，直到狗狗自动放弃为止。下次用餐时间由主人定，五分钟、十分钟都可以，量还是原来的十分之一，依旧是狗粮混合狗狗爱吃的食物。当狗狗全部吃掉后，奖励喜欢吃的肉或罐头。

3. 当狗狗可以顺利地将碗里的食物吃掉后，将狗粮与喜欢的食物以 2:1 的比例混合。训练方法同上。需要注意的是，在狗狗可以毫不犹豫地吃光碗里的食物后，再改变混合比例进行下一步。混合食物要把狗粮的量提高，逐渐减少狗狗喜欢的食物的量。最后变成只吃狗粮。

特别提示

　　就算是挑食特别严重的狗狗，只要有狗狗喜欢吃的食物，这个方法就有效。逐步提高混合粮中狗粮的比例，逐步增加每次的饭量，减少每天训练的次数。切忌一步登天，要循序渐进。

　　一定要奖励狗狗喜欢的食物，这是关键。

扑人

狗狗会扑向主人或者其他人，这是狗狗天性的一种表达。在自然状态下，幼犬抬起前腿扑向母亲脸部的时候，母犬会从嘴里吐出食物给幼犬，所以很多幼犬都会把扑的行为当成理所应当的行为。

其实，我们现在饲养的狗狗，其扑人行为很多时候是因为主人的错误奖励而造成的。狗狗想要主人陪它玩或是表达喜悦的时候，特别是当主人外出回家时，都会非常兴奋和开心，会快速跑到主人身边扑到主人腿上或者身上，主人也会不自觉地抱着狗狗抚摸它。因此，狗狗会认为主人喜欢它扑人的这种行为。

但若是因此允许狗狗做出扑人行为，狗狗之后就会养成习惯，所以，无论如何，当狗狗出现扑人行为时，主人应采取无视的态度，尽早改善这个问题。

狗狗扑人的基本处理原则，就是无视它。若在它扑过来的时候去理它、责骂它，或是用手去推开它，会让狗狗认为你关注了它，或者是主人在和它做游戏，都可能使狗狗扑人的问题恶化。

1 当狗狗扑上来的时候，马上转过身去不理它。

等狗狗冷静下来之后，只要四脚一2落地，就奖励它一些零食。

接下来指示狗狗坐下或趴下，并在它完成动作后给予零食奖励。这样就能让狗狗明白，只有坐下或者趴下才会有好的事情发生，从而改变狗狗扑人行为。

如果您的狗狗在外出散步的时候比较喜欢扑陌生人，那么您在遛狗的时候一定要给狗狗戴上牵引带。当狗狗看见陌生人，但是还有一定距离的时候，就要求狗狗坐下并给奖励；直到接触到陌生人的时候狗没有扑人，而是乖乖地坐下或者趴下为止。

特别提示

虽然狗狗小时候扑人的样子很可爱，但等它长大以后，很可能扑倒成年人而造成他人受伤。即使是小型犬，扑向儿童也很危险。因此，在狗狗养成扑人的习惯前，务必要尽早解决这个问题。

训练项目

乱咬

乱咬也是很多宠物主人头疼的问题，每当主人拖着疲惫的身体下班回到家，打开房门，看到家里一片狼藉时，那种心情不用说你也会懂的！如果只是咬咬拖鞋，啃啃沙发腿，这些还是可以忍受的，可当它们毁掉我们所珍惜的或者对我们有意义的物品时，这个损失是无法挽回的。除了毁坏物品，乱咬还会造成误食，影响狗狗的健康，甚至还会要了狗狗的命。

在训练之前，我们要弄清楚狗狗为什么要乱咬，以及在什么情况下会发生乱咬的行为。

幼犬的乱咬行为一般都是在换牙期发生，因为在换牙的时候，牙床会痒，它便会用啃咬来磨牙解痒。因为幼犬不知道什么能咬什么不能咬，它就把可以咬的东西都当成自己的玩具。

还有一些精力旺盛的狗狗，比如哈士奇、边牧等犬种，如果不给它们足够时间去释放精力，它们也会通过啃咬来释放自己多余的精力。

1 首先我们要做的是环境管理。把狗狗能咬到的物品全部收起来，不给它啃咬练习的机会，如果没有办法将家里的物品全部收起来，就准备一个围栏，把它围起来，限制它的活动范围。

多准备一些给狗狗啃咬玩耍的玩具。当主人不在家的时候，可以把漏食玩具里面填充上食物，给狗狗玩。漏食玩具偶尔会掉出食物来，相当于奖励狗狗玩玩具，狗狗也不会因为无聊而放弃玩具。

3 当狗狗喜欢上玩具之后开始尝试将环境变得复杂一些，或者活动范围扩大。如果狗狗没有乱咬，给予奖励；如果乱咬，一定不要去跟它抢，我们需要做的只有等待，等狗狗自己吐掉或者不咬的间隙给予奖励并收走物品。

训练方法

4 上一步做好之后，主人开始尝试离开。准备好漏食玩具，主人离开，开始的时候几秒钟，慢慢延长时间。

5 适当的运动可以消耗狗狗的精力，也是有效缓解狗狗乱咬的方法之一。

特别提示

　　如果回家之后发现狗狗乱咬，一定不要打骂，请选择忽视。狗狗出现啃咬的问题一定是感到无聊或焦虑，这个责任是主人要承担的，不要怪在狗狗身上。如果给狗狗足够的运动量和好玩的独处玩具，加上科学的环境管理，狗狗是不会出现乱啃行为的。只有主人不犯错，狗狗才没机会练习犯错。

吠叫

狗狗吠叫是天性,在刚出生时就会,只不过那时的吠叫还只是哼哼唧唧。狗狗是善于学习的物种。在后天的生活中,在社会化的过程中,狗狗学习到很多经验,同时也学会利用吠叫来达到某种目的。

狗狗是高度社会化动物,所以在群体生活中避免不了沟通,狗狗之间的沟通方式以肢体动作、吠叫、散发气味为主要形式。吠叫在狗狗的日常是经常出现的,并且具有重要意义。不同环境下,狗狗的吠叫方式也会不同,传递的信息也不同。

当狗狗跟人类一起生活时,偶尔的吠叫会被接受,但过度吠叫就会被制止,而且被称为"乱叫"。事实上,狗狗只是试图表达自身感受而已。由于主人跟狗狗的沟通方式出现问题,甚至遭受了惩罚,导致狗狗过度吠叫的问题越来越严重,人狗相处就会陷入恶性循环。

狗狗的吠叫有多种表现方式,每种方式也传达了不同信息。处理吠叫问题并不是千篇一律的,而是需要了解每种吠叫背后的原因,用相对应的方式去处理,这样才会事半功倍。多数的过度吠叫问题,都应遵循一个处理原则,即吠叫不会得到关注与奖励,安静才会有奖励。

会让狗狗吠叫的原因很多,但大致上可分为以下几种,主人可仔细观察,找出狗狗吠叫的真正原因。

训练项目

需求性吠叫

　　狗狗在有需求时，会传达给主人信息，以满足自身需求。这类吠叫问题的诱因，主要是狗狗对现有环境感到不适，或有所需。希望通过叫声引起主人的注意，以求离开不适的环境得到所期望的环境和需求。

　　这类问题的出现，就表示主人忽略了狗狗所处环境的舒适程度及未满足狗狗日常所需。例如，夏天狗狗被独自留在车子内，因炎热而不适时的吠叫，这就是主人的过失。春夏等炎热季节将狗狗独自留在车内，是会使狗狗中暑而导致死亡的。

　　但是，并不是所有的需求都应该被满足。狗狗在没有不舒适的感觉、只是因为想得到某种需求而吠叫时，就需要用一些方法教导狗狗做出正确的行为。例如，狗狗想吃主人手里的食物而吠叫。这种情况，即便不给它吃，它也不会产生病痛，更不会痛苦而亡，这时就不必满足它的要求。所以在处理问题时，主人应该理智一些，分清什么对狗狗有害而什么是无关紧要的。

1 当狗狗出现非正当需求性吠叫时，不给狗狗任何形式的关注，如眼神交流、语言交流、肢体交流。

2 等狗狗安静下来后，奖励给狗狗刚才想得到的东西。

3 用同样的刺激物重复刺激狗狗，使狗狗出现吠叫行为后，重复前两步。

在训练前期，狗狗安静下来并得到奖励，对于狗狗来说，它并不知道为什么会得到奖励。所以要重复刺激狗狗出现错误行为，这样才会让狗狗有足够多的机会理解吠叫和安静两种状态的不同。

特别提示

一定要等狗狗真正安静下来再奖励。狗狗放弃吠叫前会有几个特征，分别是：叫声变急促、叫声不再坚定洪亮、趴下叹气。

一定要做到真正的无视，在狗狗吠叫时，尽量保持静止状态，不看狗狗，不跟狗狗有任何接触。

训练项目

防御性吠叫

●●●●● ●●

　　狗狗在表现出威胁和警告时，会选择用吠叫的方式，试图驱逐让它感到恐惧的事物。恐惧性吠叫分为两种表现形式：一种是防御型，身体重心向后，夹着尾巴站立或缩成一团，吠叫中带着哀号，声音尖且短；另一种是恐吓型，身体前倾，尾巴直立，声音洪亮短促。无论是哪种，都是因为感受到威胁，属于防御机制。这种吠叫的类型，往往是狗狗的社会化不足引起的，或是狗狗在社会化过程中遇到的问题。解决时需要鼓励狗狗，让狗狗慢慢接受刺激源的存在，并让狗狗了解，刺激源并不具有威胁性。

　　这个训练的关键是找到狗狗对刺激产生反应的临界点。刺激物的刺激程度在狗狗承受范围内，不足以刺激狗狗出现过激行为。如果刺激程度超过狗狗承受范围，即超过临界点，狗狗就会爆发。根据刺激物的不同，临界点可以是距离、大小、快慢等因素。

　　刺激物在距离狗狗 10 米时出现，狗狗出现吠叫行为，那么 10 米就在狗狗的临界点之上。如果刺激物出现在距离狗狗 11 米的位置，狗狗未出现吠叫行为，那么 11 米就是狗狗的临界点。

1 让刺激物出现在狗狗的临界点以下，同时，狗狗没出现吠叫时，主人立刻给狗狗奖励。不断重复这个过程：刺激物出现的同时奖励狗狗。

2 当刺激物出现时，狗狗未出现激动的情绪，说明狗狗可以接受第一步的距离。接下来增加难度，让刺激物更接近狗狗，并在狗狗看到刺激物且保持安静时给奖励。

3 狗狗在第二步的训练中表现稳定，主人应慢慢缩短狗狗和刺激物的距离，只奖励狗狗安静的行为。

特别提示

　　找到临界点是训练的关键，这样才能保证狗狗在刺激物出现时保持安静，只有狗狗保持安静，才会得到奖励。

　　训练中用奖励让狗狗改变对刺激物的联想，刺激物出现就代表有好的事情发生，狗狗就会从不能接受到可以接受。

　　一定要注意刺激物、吠叫行为和奖励物的顺序。训练前期，狗狗容易受刺激物影响时，刺激物和奖励同时出现；训练后期，当刺激物出现后，狗狗情绪稳定，主人再奖励狗狗的安静行为。不要在狗狗出现吠叫后给奖励，那样就变成奖励狗狗吠叫的行为了。

训练项目

冲动性吠叫

● ● ● ● ●　● ●

　　在狗狗迫不及待时会出现吠叫行为，这种行为是因为狗狗没学会情绪控制，遇到期待的事情会很兴奋，控制不住自己而吠叫。冲动性吠叫常常伴随跑、跳等大幅度运动行为。这种吠叫问题的形成原因分为几个方面：先天性格易激动、后天在性格培养方面不足、缺乏管理、错误关注。

　　因为性格的培养是长期形成的，所以需要长时间的调整。长期无约束的狗狗很容易出现这种行为，遇到兴奋的事情不需要控制情绪，反而越着急越能博得主人的同情，久而久之，越来越不需要冷静。解决这类问题必须要让狗狗学会控制情绪，改变狗狗的生活习惯是必要的。解决问题之前需要让狗狗学会"坐"和"等"两项技能。

1 教狗狗学会坐下和等待两项技能。

2 在狗狗出现吠叫行为的时候，应用这两项技能让狗狗学会冷静控制情绪。

3 重复做一件会让狗狗兴奋吠叫的事情，比如出门前的一系列动作。在最后一步给狗狗戴好牵引绳后，并不出门，而是带狗狗在屋里遛两圈，然后解下牵引绳。

此步骤的目的是让狗狗对以往的经验慢慢淡化。狗狗会记得每次吃饭或出门等好事情发生前主人的一系列动作，长期的经验会让狗狗形成条件反射，听到或看到这些前奏就代表有好事情要发生。所以改变狗狗对这些前奏的经验，会让狗狗学习到这些前奏不再具有特定意义。

特别提示

这项训练并不仅局限于出门这一件事，要在生活中的其他方面用同样的方法约束狗狗。让狗狗学会控制情绪，才能从根源解决问题。

长期处在无约束的生活环境中，会让狗狗变得兴奋并难以自我控制。多给狗狗下指令，让它自主思考，可以改变它焦躁的性格。

训练项目

呼唤性吠叫

狗狗除了汪汪叫还会像狼一样嚎叫，这种嚎叫的意思是呼唤同伴。当狗狗出现这种行为时，说明狗狗感到孤独，只是偶尔嚎叫属于正常行为。如果狗狗在主人离开后，独处时频繁嚎叫，那么主人应该着重关注狗狗的情绪了。这很有可能是狗狗没有安全感，发展下去会严重到变成焦虑症。

增加每天跟狗狗的游戏次数、让狗狗在独处时有事可做、给狗狗适当的关注，都可以培养狗狗独处的能力。

有很多主人养第一只狗狗时，为了不让狗狗孤单，又养一只狗狗做伴。如果只是为了让狗狗不感到孤单而养第二只，这种观念是错误的。只能说这种做法的结果，很有可能是从一只怕孤单的狗狗变成了两只。狗狗真正需要的是学习适应身边的环境。

训练方法

1 当狗狗独处时，给狗狗留下独处玩具，让狗狗有事情做。

2 控制狗狗独处的时长，由短时间逐渐过渡到长时间独处。

特别提示

给狗狗留下玩具，目的是让狗狗有事情可做。在主人离开后，狗狗可以尽情地享受漏食玩具中的零食，这会让狗狗不再感到无聊，从而渐渐接受独处时光。

习得性吠叫

前文所有吠叫类型都可以变成习得性吠叫。习得性吠叫是狗狗在吠叫过程中得到了主人的错误关注而导致的。如果在问题形成初期用正确的方式控制，狗狗就不会形成习得性吠叫。解决这类吠叫问题，要找出吠叫的诱因，知道狗狗为什么叫，训练起来就容易多了。

训练方法

1 仔细观察，找出狗狗吠叫的原因。

2 当狗狗吠叫时，采取无视的态度。

3 当狗狗放弃吠叫时，给狗狗奖励刚刚想得到的食物。

特别提示

问题形成初期控制比问题形成后再解决要轻松得多。

训练过程可能会比较煎熬，听着狗狗狂叫不止，大部分主人都会心碎。这个过程也是一个难得的体验狗狗感受的机会。

乱捡食

　　外出遛狗的时候，乱捡食对狗狗来说是一件很危险的事情，很容易造成狗狗食物中毒甚至死亡。但是捡和捡食是两种概念。狗狗在幼年时期，用于探知世界的方式有看、听、嗅、触，而捡就是狗狗用嘴在触碰物品。那么捡和捡食有没有关系呢？答案是有。

　　狗狗从出生开始就在不停地学习。幼犬期，狗狗对周围的环境会有强烈的好奇心，对任何事物都想一探究竟。狗狗会先闻闻某样物体，气味可以接受就咬在嘴里感受这个物体的质感，并分辨能不能吃。这是狗狗学习的过程，但是绝大部分主人会担心狗狗误食异物，所以会上前阻拦，并且手段会很强硬，直接从嘴里抢出来。在这个过程中，狗狗学习到的不是不能乱捡食物，而是学习到"主人会抢我找到的好东西"。那么几次之后，狗狗捡到新鲜东西，不会再给主人抢走的机会，而是会直接吃掉。这就从捡演变成了捡食。最后可能还会演变成"寻宝游戏"——"看谁先找到宝贝"。

　　另外还有一种原因就是狗狗的健康情况，如狗狗得了异食癖会出现捡食的问题，患肝炎或缺乏营养素会导致狗狗食便便等。

　　这两种情况都有各自的特点，清楚这些特点会有助于找出问题的根源。如果是幼犬，很有可能只是好奇去捡一样物品，捡起的物体种类不固定，所以主人只要确定是无毒无害、没有强烈食物气味的物品就不要干涉，狗狗在咬过以后，就会辨别出此物品不能吃，随即吐出，不再好奇捡起。如果是成犬，在幼犬时期有被主人抢夺的经历，且捡食的物品以食物和各种动物粪便为主的话，可以判断为捡食的行为问题。如果狗狗只捡食如墙皮、石子、粪便等固定物体，可以归类为异食癖，需要去医院寻求帮助。

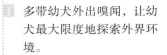

1 多带幼犬外出嗅闻，让幼犬最大限度地探索外界环境。

2 在室外跟幼犬做训练游戏，让幼犬有事可做。

3 互动结束后，让幼犬自由探索。

特别提示

　　在室外，一定要保证环境中没有可食用和带有食物气味的物体。如果不确定有没有，就自己创造一个这样的环境。刚开始时，可以在室内练习。

　　放心大胆地让狗狗去探索，不要过多干涉。狗狗会知道什么能吃什么不能吃。

　　一旦发现幼犬像吃饭一样疯狂吃石子、墙皮之类的物品，可以去医院寻求建议。

　　抢夺会让狗狗从好奇咬一咬变成捡起来逃离主人，最后演变成发现后就吞掉。

训练方法 2

1 在行走路径上，放一小堆狗粮。带狗狗走近狗粮后，保证牵引绳被绷直后，狗狗够不到狗粮。

2 站定不动，当狗狗回头看向你，立刻奖励狗狗更喜欢吃的零食。

3 当狗狗已经明白，看到路上的食物要回头看主人时，主人要增加难度。当狗狗看到路上的食物后，主人要让狗狗坐下并看向自己。狗狗做到后，主人立刻奖励更好的零食。

🐑 特别提示 ●●●

一定要控制好狗狗和路上食物的距离，要让狗狗足够接近却吃不到。

当狗狗放弃地上的食物转头看向主人后，一定要奖励比地上食物更好吃的食物。让狗狗明白，放弃地上的食物，回头看主人，就会得到更好吃的食物。

暴冲

暴冲，在遛狗时是很常见的问题，很多主人经常是被狗狗拖拽着在遛弯儿，就是传说中的狗遛人。看着非常搞笑，但是被拖的人非常危险，很容易受伤。

要想解决暴冲的问题，先分析原因，大多数是因为狗狗从小养成的这个行走习惯。在幼犬时期，狗狗因为外出兴奋，所以迫不及待地拉着主人向前走。这时的主人并没感觉到多大的力度，所以顺着狗狗的意思跟着走。随着狗狗逐渐长大，力量也越来越大，主人想改的时候，问题已经形成了。

训练方法

1 给狗狗戴上牵引绳，在室外安静的环境中，带狗狗随行。

2 当狗狗向前冲时，主人站住不动，要确定自己不会被狗狗拉动。

3 当狗狗放弃暴冲，而转头看向主人时，立刻拿出狗狗喜欢的玩具或零食奖励狗狗，并换个方向带狗狗继续前行。

4 把奖励物收起，带狗狗继续前行，如果狗狗的注意力持续在主人身上，主人需要每间隔十几秒就奖励狗狗一次。

5 如果狗狗的注意力从主人身上移开，并继续暴冲，主人还是要站定不动，等狗狗放弃暴冲并把注意力放在主人身上时，给狗狗奖励，并换方向继续前行。

🐑 特别提示 • • •

　　重点不在于站定不动，站住只是让狗狗暴冲式的走路方式不再管用，起到不增强问题行为的作用。解决问题的重点，在于让狗狗主动把注意力放在主人身上，狗狗只有觉得主人有趣，才会跟着主人的步伐走。所以，在带狗狗遛弯时，要保持跟狗狗互动。

追车

      追逐是狗狗的天性，狗狗天生对移动的物体就有追逐的欲望。进入人类生活中，很多狗狗经过社会化过程，逐渐对车子习以为常。但有些狗狗因为各种原因，对移动的车子仍然有追逐欲望、狩猎欲望或者出现攻击行为。这种行为不仅使狗狗陷入危险，更使行驶的车辆、车内的司机和路上的行人都陷入危险之中。所以说，教育狗狗对行驶的车辆"脱敏"尤为重要。

训练方法

1 把狗狗带到离路边很远的位置，范围控制在狗狗看到车时不会产生追逐欲望（临界点）。

2 当车辆出现在狗狗视线内，狗狗没出现过激行为，主人应立刻给狗狗奖励。奖励等级一定要高，可选择狗狗非常喜欢的玩具或零食。

训练方法

③　接下来难度增大，带狗狗向路边靠近，距离可以一点点缩短。当狗狗在这个距离内见到车辆驶过，而向车辆追过去时，立刻拉紧牵引绳，然后将距离再扩大一些进行训练。当狗狗见到车辆驶达，可以淡定地做自己的事情后，增加难度。将狗狗和路边的距离缩短，并重复前两步。

特别提示

　　一定要在车辆出现的同时，立刻给狗狗奖励，让狗狗对车辆产生好的联想——车辆出现等于奖励出现。

　　如果在一个距离范围内，狗狗见到车会冲出去，就把狗狗和车辆之间的距离增加，增加到狗狗见到车辆不会冲即可。

追逐

　　对其他动物或移动的物体有追逐欲是狗狗的天性，是狗狗赖以生存的技巧。但是狗狗进入家庭中，这些行为并不被人类接受，相反会给主人带来很多麻烦，甚至对人类产生威胁。庆幸的是，大部分狗狗已经可以通过社会化过程适应快速移动的物体。但有些狗狗在后天的学习过程中没有被约束，导致其并没有学习到该如何做只乖乖狗。

　　追逐和打斗的性质是一样的，都具有攻击性，所以在狗狗幼年时期，就要教会狗狗去适应家庭生活。送狗狗去培训学校参加社会化训练是非常必要的。

训练方法

1 幼犬期，让狗狗多跟性格稳定的成年狗狗互动，在互动过程中，幼犬会学习到正确的社交技巧。这点至关重要。平时尽可能让狗狗多跟其他动物接触，并给予奖励。

2 对于成犬，要为它戴上牵引绳，找个安静密闭的环境，让它处在临界点内，让助训员带一只狗狗从远处跑过。如果狗狗没有过激行为，主人就立刻奖励零食或玩具。

3 在狗狗趋于稳定后，不断将距离缩短。让狗狗在这个过程中学习到如何控制自身情绪，克制自身的冲动。

特别提示

训练期间需要助训员，所以去培训学校寻求帮助会让训练变得更简单。

打架

在猎场上狗狗是猎手，那么猎手一定会猎杀；在动物界狗狗是掠食者，那么掠食者一定会掠夺；在群体中狗狗是成员，那么成员间一定会分个高低。所以，狗狗是天生的斗士，无论是游戏还是争夺，都在不断学习如何战斗。

家里同时养了两只及以上的狗狗，狗狗之间的摩擦经常会有，尤其是同性别之间的斗争会非常激烈。如果狗狗中有示弱的一方，那么两只狗狗绝大多数情况下会保持和平。如果两只狗狗都是强势的性格，占有欲又强，那么打架的激烈程度难以想象。

狗狗之间的沟通是非常重要的，因为狗狗是群居动物，团队想要合作狩猎必须和平。而打架会导致群体实力受损，威胁到群体的存亡。所以，狗狗是和平的斗士，天生并不希望与其他个体发生冲突。在狗狗的语言中，起到安定作用的信号占沟通的绝大比例。只有群体中没有首领时，同级别的狗狗才会想挑战对方，而战斗方式不会致死。

在家庭中，由于人的干涉，狗狗之间的交流变得没有实际作用，甚至会放弃沟通直接变成武力解决纷争。性格强势的狗狗如果没打过架，只要稍加控制，是可以跟性格好的狗狗短暂相处的；如果一旦不小心和其他狗狗打架，那么以后就会更容易出现打架的情况，且愈演愈烈。

狗狗打架的问题，只能通过科学的管理方式去解决。坏消息是，训练的结果不是让狗狗在任何环境中都不出现攻击行为，而只能是让狗狗降低攻击的概率，增加狗狗的容忍度。好消息是，你可以让狗狗出现攻击的概率降低，只要管理不出错，狗狗不会再打架。

训练方法

1. 带狗狗到安静的环境中，让助训员带另一只狗狗出现在你的狗狗的临界点之外。狗狗出现的同时，主人给狗狗最喜欢的食物或玩具作为奖励。

2. 让狗狗习惯身边有其他狗狗的存在后，然后慢慢缩短两只狗狗的距离。

3. 在狗狗趋于稳定后，不断将距离缩短。让狗狗在这个过程中学习到如何控制自身情绪，克制自身的冲动。

特别提示

　　不要试图让两只狗狗互动，只要见到狗不再激动就达到了训练的目的。
　　如果一定要互动，要在训练师的安排下进行。互动方式，与其互动的狗狗的性格、性别都要经过训练师的严格挑选。不要独自尝试，避免发生危险。

恢复训练

　　我们在领养一只狗狗进入家庭前，需要做好充分的准备和学习，以便帮助被领养的狗狗更快地适应新环境。

　　领养机构中待领养的狗狗一般都是流浪狗，还有一些狗狗是因为原主人有一些不得已的情况而不能继续喂养，转而找领养者。所以，学习怎样和它们接触，用心体会它们的每一个眼神、动作都在表达什么，才能更好地帮助它们缓解紧张与不安的情绪，更快地适应新环境，逐渐跟我们亲近起来。

训练方法

领养前要充分地了解狗狗的情况，包括详细地询问狗狗的身体、心理状况，以及饮食习惯和喜欢的玩具、零食等，还需要了解它有没有经过训练。

在领养前，尽可能多跟狗狗接触，让狗狗跟你慢慢熟悉、亲近，这样的话，在把它接回家之后，对它来说只是换了一个新环境，面对的人还是熟悉的，狗狗的应激反应会小很多，有的狗狗甚至不会出现应激反应。

如果家里有小孩子，最好带孩子一起去接触狗狗，教给孩子怎样正确地与它相处，避免因为不正确的操作导致狗狗伤害到小朋友。

如果狗狗有行为方面的问题，最好先送到宠物行为调整机构，把问题行为纠正好再接回家。

领养狗狗回家需要提前准备一些必备用品，包括以下几项：

狗狗的粮食

狗粮、零食。接狗狗回家前，需要跟之前的主人确定狗狗正在食用的狗粮情况，避免因换粮造成肠胃不适。狗狗会通过吃零食来缓解压力，通过主人的喂食过程，增加对主人的信任。

狗狗的玩具

啃咬类的、毛绒的、互动的、益智的、漏食的等。接狗狗到新家后，在新的环境里会有压力感，会通过啃咬、撕扯、动脑筋来转移注意力，缓解压力，释放紧张的情绪。

狗狗的窝

航空箱、围栏。狗狗接到家后，主人最好用围栏给它限定一个活动范围，这样会让狗狗更快地适应新环境。过段时间后，慢慢把范围扩大，直到最后把围栏撤掉。

狗狗的餐具

根据要接回家的狗狗的体型来选择适合其大小的食盆、水盆。

准备工作做好之后，我们就可以接狗狗回家了。

首先，把狗狗接回家之后，主人的情绪不要太过于紧张，对狗狗不要过于关注。因为你的紧张情绪会感染狗狗，使它也变得紧张起来。

其次，接狗狗回家后先让它在屋子内巡视一圈，然后把它放到给它限定的范围里，让它慢慢适应新环境。

最后，狗狗到新家后需要适应新的环境和新主人的各种习惯，同时主人也需要适应自己的生活中多了一个新的伙伴，大家都需要一个互相适应的时间，需要一个磨合期。度过这个磨合期之后，人和狗狗就能够和谐相处了。

需要注意的是，如果相处方式方法不对，导致主人和狗狗之间有摩擦或者狗狗出现行为问题，就需要向专业的训导师去学习和狗狗的相处之道了。

建议想要领养狗狗的朋友，在领养前最好先去专业训练狗狗的教学机构学习一段时间，这样会有助于和狗狗更好地相处。

CHAPTER 05
有趣的狗狗 更有魅力

趣 味训练是指让狗狗学会一些有趣的技巧，训练的目的不仅仅是让狗狗要宝逗主人开心，更重要的是开发狗狗的智力，让狗狗学会动脑思考，在学习过程中跟主人建立起信任与默契关系。

训练中给狗狗下的指令分为口令和手势，即用语言下达指令和用肢体语言下达指令。狗狗要学习的是将特定口令和特定行为建立起联系，所以在训练一个指令前要统一每次发出的指令，保证每次都是一致的。如果每次下达的指令都不一样，会让狗狗感到困惑，影响训练效果，从而让狗狗产生挫折感，导致训练终止。

狗狗完成一个动作后，要立刻给狗狗零食或玩具奖励，同时口头表扬并抚摸它。久而久之，狗狗就会把经常用来表扬它的词语记住。

训练狗狗学习新技能，一定要有耐心，避免强迫训练。狗狗会对奖励铭记于心，而强迫只会让狗狗感到恐惧，拒绝学习。学习要循序渐进，从最简单的开始。

握手

握手是人和人表达善意的方式，但是在狗狗的认知里并不是这样，狗狗是不喜欢被触碰前脚的。所以说，训练狗狗学习这一技能的目的不只是跟狗狗互动，还要让狗狗习惯前脚被触碰。在训练时，主人必须教狗狗听得懂"握手＝把前爪抬起来"或看得懂"人手伸过来＝把前爪抬起来"，就这么简单。

训练方法

1　让狗狗坐在你对面。当狗狗坐定后，将零食放在手心喂给狗狗吃。连续几次以后，在狗狗吃零食之前，将手攥拳。

2　狗狗因为吃不到会着急。当狗狗抬起前爪准备扒你手的时候，立刻摊开手掌，让狗狗吃到零食。

3 接下来要反复练习"攥紧零食—抬前爪扒你手—摊开给零食"这一套动作。建立小爪子与大手之间的联系。

4 练习精进项。当狗狗可以熟练地握手以后,教狗狗分清左右手。假如你想握狗狗左爪,伸出左手,说"握手",只奖励狗狗伸出左爪的行为,忽略伸右爪的行为。重复练习,直到你伸出左手,狗狗就能伸出左爪与你握手为止。

🐑 **特别提示**

　　当狗狗做完动作后,别忘了马上给予零食作为奖励。

　　不要主动伸手去触碰狗狗的小爪子,因为它们很敏感。强行握住会引起它们的不适,从而导致训练失败。要等待狗狗主动伸手。

　　这项训练不仅可以延伸到单手击掌,表达"你好""再见"等技能,还可以用于狗狗剪趾甲的"脱敏"训练辅助科目。

　　教狗狗分清握左右手,需要先把手放在想握的那只爪子附近。如果狗狗一时理解不了,不用着急,重新回到最开始的步骤,只奖励对的那只爪子扒你手的行为即可。

训练项目

衔吐

　　让狗狗学习衔起和放下一样东西，是件很有技巧的事情。对狗狗来说，自然状态下，不感兴趣的东西是不会主动去接触的，感兴趣的东西是绝不会放下的，尤其是进嘴里以后。所以教会狗狗衔与吐，会让你很有成就感。狗狗学会衔与吐后，会有很多进阶的技能，比如取物、送物等。

　　有些狗狗天生就有较高的衔取欲望，这种狗狗在"衔"的训练上学得相对快一些。而有些狗狗天生对寻回没兴趣，那么就需要训练技巧了。

训练方法　1

1 如果狗狗喜欢衔取，主人拿出狗狗喜欢的玩具放在地上，狗狗主动衔起时，主人发出"衔"的口令并表扬它。拿出另一个玩具，发出"吐"的口令，然后将玩具扔给狗狗，同时下"吐"的口令。

2 重复上面的步骤。在狗狗有意识地主动表现衔和吐的行为前下口令。从狗狗衔起时说"衔"，变成先说"衔"等待狗狗出现行为。吐也是一样，先下"吐"的口令，等狗狗吐出嘴里的玩具后将玩具扔出去，让狗狗追。

1

如果狗狗没有衔的欲望，就需要
特别训练。跟狗狗面对面蹲下，
将玩具放在地上。当狗狗看向玩
具时，奖励它零食。

2

当狗狗可以高频率地看玩具后，
增加难度。当狗狗靠近玩具时，
给奖励，然后增加难度，当狗狗
碰到玩具后，奖励零食。

训练方法 2

3

当狗狗可以去触碰玩具以后，增加难度。只奖励狗狗用嘴去衔玩具的行为，当狗狗出现衔起的行为时，要下"衔"的口令。

4

在狗狗可以衔起以后，拿出零食伸到狗狗嘴边并下"吐"的口令。狗狗吐出玩具后，奖励零食。反复训练，不断增强。

特别提示

　　对于喜欢玩具多过零食的狗狗来说，用玩具奖励效果会好一些，相反则用零食奖励。教狗狗吐，关键在于换。要让狗狗知道，主动放弃嘴里的，会得到更好的。不要用手去抢，那样会让它误以为拔河游戏，更不想松口。

寻回

······

　　很多狗狗天生对扔出去的东西有很高的兴致。把玩具扔出去，让狗狗寻回，再扔出去，再寻回，这绝对是消耗狗狗精力的绝佳游戏之一。主人不费力气就可以快速消耗狗狗的精力。相信你和狗狗都会乐此不疲地配合着扔出去、捡回来。这个游戏简直是懒人们的福利，有个懒主人的狗狗们的福音。

　　如果狗狗并不喜欢去捡玩具，就需要一些方法来培养狗狗的兴趣了。当然，实在对寻回没兴趣，放弃这项游戏也是个不错的选择，毕竟游戏的目的是让狗狗开心，而且还有很多游戏可以选择。

训练方法

1 准备两个玩具。先从小而安静的环境开始，将一个玩具扔在离自己近些的地方，等狗狗去衔起以后，兴奋地叫狗狗回来。

狗狗顺利地将玩具捡回来后，下"吐"的口令。当狗狗吐出玩具时，将另一个玩具扔出去。重复第一步骤。

2

3

在狗狗明白捡玩具的规则以后，可以换不同的环境让狗狗去捡。

特别提示

　　训练狗狗吐的技能，会让狗狗更容易放下捡回来的玩具。

　　狗狗只要捡到玩具回来，就奖励它另一个玩具。

　　如果狗狗捡到玩具不回来，不要去追它，那样会让狗狗越跑越远。最重要的是，那样会把游戏搞砸，让狗狗抗拒回到你身边。正确做法是，拿出另一个玩具或者零食吸引它，让狗狗主动放弃嘴里的玩具，从而让狗狗学习到，放弃会得到更好的东西。

　　狗狗一捡到玩具，主人就要开始呼唤它的名字。

取物

· · · · · · · ·

　　下班以后，你拖着疲惫的身体回到家。开门的瞬间，狗狗欢天喜地的迎接你，并把拖鞋叼过来，跟随你进屋后，为你开冰箱拿啤酒。这些电影中的情节，并不只是发生在别人家的狗狗身上。只要主人用心教导，大部分狗狗都可以做到，当然要循序渐进地进行。照着下面的方法去做，你家的狗狗可能会惊艳到你。

训练方法

1　此训练项目要在狗狗学会衔吐之后进行。命令狗狗坐下，将它喜欢的玩具放在一处，然后坐到座位上。

② 主人坐下后，下"玩具呢"的口令，让狗狗衔起后，再唤它过来。接着下"吐"的口令，奖励并接过玩具。然后距离再远一点，或者藏在背后。难度要一点一点地增加，切忌一步登天！那样狗狗会因失去信心而导致训练失败。

③ 等狗狗学会寻找以后，开始教它识别物品。把物品 A 和物品 B 同时放在狗狗面前，下口令"A 呢"，只奖励狗狗衔起对的物品的行为，忽略错误行为。用这个方法让狗狗了解特定物品与名称的联系，就可以快速地让狗狗认知更多物品。

④ 以上几个步骤要按照顺序进行训练，而且每个步骤都要多重复几次，让狗狗逐渐习惯你的口令。记住，每当狗狗做对一次，你都要立即给予言语和零食奖励。

特别提示

　　先从小环境下开始训练，即使在狗狗可以熟练衔取特定物品后，也不要急着让狗狗去分辨物品。要适当增加难度。每次训练次数不要过多，避免狗狗对这个游戏没了兴趣。

　　在狗狗状态最好的时候结束训练，并给狗狗一大把零食作为奖励。

顶物

在狗狗顶着一个物品时，表情会很好笑，许多主人都喜欢跟狗狗玩这种游戏。但游戏是双方的，不要让一场游戏变成一场杂耍。如果想让狗狗也很享受这个过程的话，就需要主人用对方法。

训练方法

1 让狗狗在你面前坐下。拿出狗狗不感兴趣的物品放在狗狗的头顶，下"等"的口令。

训练方法

2 保持这一姿势几秒钟，然后给出"OK"的指令。反复做几次以后，狗狗就会乖乖顶着不动。

3 当狗狗学会以后，就可以把它不感兴趣的物品换成它喜欢的玩具或零食。把食物放到狗狗鼻头上它比较容易接住，但这一条并不是对所有的狗狗都适用，比如说京巴。

特别提示

　　不要试图用手抓着狗狗的鼻子或拖着狗狗的下巴，这样会使狗狗反感。被迫做一件事和主动配合做一件事，内心的感受及训练效果有着天壤之别。从狗狗的表情上就能看出它喜欢与否。

坐立

‧‧‧‧‧ ‧‧‧

　　首先要说的是，坐立这项技能，对狗狗的平衡感有帮助，但是对其腰椎有负担，所以不要长时间让狗狗做这个动作，不然狗狗上了年纪以后有瘫痪的危险。

训练方法

1 让狗狗坐下，拿食物引诱它把两只前爪抬起，同时发出"坐立"的口令。在它做到后要及时奖励零食。

2 同样的方式，让狗狗将前爪抬得比之前高，同时发出"坐立"的口令。伴随零食奖励。

训练方法

3 重复上述操作，保证每次都比上一次抬得
高一点儿，并奖励。在狗狗可以保持上身
直立后，增加直立的时间。在狗狗上身直
立期间，要持续给奖励。

特别提示

　　如果狗狗因为着急吃
零食而站起来，首先保证零
食不被狗狗吃到，重新诱导
狗狗坐立，并在下次训练时
降低难度。要知道，狗狗出
现站起来的行为，是因为前
爪抬得太高了，所以降低难
度是最好的选择。

　　不建议对幼犬做此项
训练，幼犬尚未发育完全，
做此训练有损伤脊椎的风
险。

装死

让狗狗装死，其实就是让狗狗学会平躺，并保持不动。主人再加上模拟打枪的声音及手势，就是平时见到的装死。想让狗狗平躺，可以从基础科目中的趴下开始诱导。

训练方法

1

让狗狗趴下，然后用美味零食诱导狗狗进行平躺。主人将零食放在狗狗嘴前，狗狗会有吃零食的欲望。主人不要着急给它吃，拿着零食向狗狗的耳部移动，狗狗转头会追着零食，到达预定的位置停下后，主人再把零食奖励给狗狗吃。反复做几次，可保证狗狗会积极地顺着引导做出行为。

训练方法

2 当狗狗可以顺利完成转头的动作后，将零食诱导至狗狗的后颈部。这时狗狗会因为转头幅度过大，导致身体重心偏移至一侧，从而侧躺下来。完成这个动作一定要给一次大奖。

3 当狗狗熟练了以后，主人可以加上"啪"的口令。先下口令，随后进行诱导，狗狗顺利完成以后给予奖励。

特别提示

千万不要手动强制让狗狗平躺，那样只会事倍功半。

翻滚

翻滚这个技能，看起来很有趣。狗狗学会这个技能，随时都会把你逗笑，扫去你的坏心情。尤其是幼犬，在身体没有足够的力量时，挣扎着翻滚一圈，真的可以萌翻所有人。训练时让狗狗主动翻滚，才会让狗狗在这个过程中感到愉快。

训练方法

1 先让狗狗趴下，用零食诱导狗狗平躺。

2 在狗狗平躺后，给狗狗零食奖励，接着用拿零食的手顺着翻滚方向进行诱导。

3 狗狗完成翻滚动作后，主人给狗狗零食奖励。

4 反复训练，不断强化狗狗的翻滚行为。

特别提示

　　千万不要试图手动把狗狗翻成肚皮朝上的姿势，狗狗会肚皮朝上是基于对主人的信任，不要去伤害一颗愿意信任你的心。学习的过程应该是愉快的，紧张的气氛不适合学习。

　　如果狗狗会趴下和装死，那么训练翻滚技能会更容易一些。

绕腿

•••••

　　敏捷运动中，有个障碍叫S杆。绕腿就是这个S杆的精简版，不需要器材，只需要两条腿。让狗狗在你走路时从你交替的双腿间穿梭，这个技能可以培养人狗的默契。训练这个技能能够培养狗狗的动作协调能力。

训练方法

让狗狗站在你的左侧，右脚向前一步，保持不动。同时右手拿着零食放在右腿外侧，诱导狗狗从两腿之间穿过，并给零食奖励。

反复重复训练步骤一，直到狗狗可以在你迈出左脚时立刻穿过两腿之间。

3 用同样的方法诱导狗狗在你的另一侧学习穿过两腿之间，并且不断强化至狗狗可以在你迈步的同时穿过两腿之间的程度。

4 当狗狗可以熟练地从你的任意一侧穿过两腿之间后，就将两侧的训练连贯起来。当狗狗从左侧穿过时，立刻迈出左腿，让狗狗接着从右侧穿过。当狗狗完成这套动作后，再奖励。接下来适当增加难度，让狗狗连续绕腿两次、三次、四次……逐次递增。

🐑 特别提示

　　有些胆小的狗狗开始会很谨慎，主人只要多些耐心就好，可以用狗狗感兴趣的零食或玩具多次诱导。如果你的狗狗抗拒从你腿间走过，那么你可以用狗狗最没有抵抗力的零食诱导，并且要迈一大步，增大腿距，降低狗狗压力。不要使用强制性手段，比如用牵引绳拉或者用手推，那样只会让狗狗更抗拒。

跳腿

　　对狗狗来说，这是一个有趣的游戏，
没有什么比跑啊跳啊的更有趣了。期待
你绅士地抬起一条腿，给它一个跳的理
由。你的腿能抬多高，狗狗就可以跳多
高。

1. 让狗狗站在你右侧，右脚只用脚尖着地，用食物引诱狗狗从你的脚踝处跳过。在狗狗跳过去前，说出"跳"的口令。

2. 把腿抬高一点，脚踝的位置处于最低，狗狗从这里跳过。同样需要诱导，语气要热情一些，这会鼓励狗狗跳得更高。

3. 反复训练，并不断增加高度。

🐑 特别提示

如果狗狗喜欢从腿下穿过去，就先坐在地上，双腿贴地，这样狗狗就只能从腿上跳过去了。

转圈

这个技能可以说是最没有规范的一个技能了。坐下、趴下对狗狗来说表现得都一样，而转圈就不一定了。有的狗狗是圆规式转圈，有的狗狗却是来一个360°跳转，还有的狗狗是慢慢地走上一圈。总之，这个技能狗狗们表演得五花八门，各有各的特点。

训练方法

让狗狗面对你站好，手里拿着零食或玩具。把手放在狗狗的鼻头处，照顺时针或逆时针方向转一圈。然后奖励。

 反复操作，直到狗狗可以完整转一个圈为止。

特别提示

有些狗狗比较敏感，诱导时的动作会让狗狗后退，从而导致诱导失败。遇到这种情况，要避免手臂越过狗狗头顶。可以将零食或玩具系在长绳上，这样诱导时，狗狗就不会因为压迫感而躲避。

匍匐前进

匍匐前进这个技能，指的是狗狗趴在地上，用四只脚慢慢地向前移动。可是偏偏有些狗狗喜欢用两只前脚在地上爬，一副残疾狗上线的样子，少了一分正经，多了一分搞笑。不过不管怎么爬，都是很可爱的。

训练方法

1 让狗狗趴下，用手拿着零食，放在狗狗鼻头位置，向前稍移动，诱导狗狗向前爬一步，给狗狗零食奖励。

2 当狗狗可以熟练向前爬行一步后，增加难度，诱导狗狗向前多爬一段距离。当狗狗做到以后，给零食奖励。

训练方法

3 当狗狗可以跟着诱导爬行后，增加难度。蹲在狗狗面前半米远，不诱导，让狗狗自主向前匍匐。在狗狗完成后，给狗狗零食奖励。

4 如果狗狗可以不出错地匍匐过来，再次增加距离。

特别提示

　　当狗狗撅着屁股或者站起来，不要用力将它按趴下，只要收起零食，并带它回到原点，重新诱导即可。

　　这个动作尽量在没有沙石的光滑地面进行，不然容易对狗狗的肚皮和生殖器造成擦伤，主要是公狗。

　　当狗狗做完动作后，除了把玩具给它作为奖励以外，别忘了还要马上给予零食作为鼓励。

追叼飞盘

　　在运动场上，飞盘飞速旋转而出，狗狗飞奔跳起，腾空接盘，一系列动作行云流水般一气呵成。是不是很酷？！按照下面的训练方法，你也可以训练出这么帅气的狗狗。训练前，应该准备好至少两个专业赛级飞盘、咬绳或者球。

训练方法

1
使用专门为狗狗定制的飞盘，最好是比赛专用盘，保证质量与安全。

2
食指抠在飞盘边缘内侧，大拇指放在食指第一关节处的飞盘上，手掌与其余三指扣紧飞盘。盘与地面成45°角向地面倾斜，一脚向目标方向迈出一小步。

3
抛盘时，以胯发力带动上身，上身带动大臂，大臂带动小臂。飞盘转出脱手，不是扔出。

4 用飞盘诱导狗狗在身体一侧从后绕至身体另一侧，当狗狗到达另一侧时，立刻将飞盘朝前方抛出。

5 在狗狗追逐飞盘时，通过拍手以及"过来"的口令鼓励狗狗把飞盘叼回来。如果狗狗没有过来，就原地抛起另一个飞盘吸引它。当狗狗过来时奖励它。

6 诱导狗狗一圈后，将盘抛向前方半米远的半空中，随后慢慢增加距离。当狗狗熟练掌握了追飞盘的技能以后，可以扔第二张盘，当作奖励。

特别提示

当狗狗叼住飞盘却不往回走的时候，注意两点：第一，不要追着它强行取回，你跑不过它，还会让它更抗拒取回；第二，不要什么都不做，你不理它，狗狗才不会好奇地跑过来看你在干什么。相反，它会更安心地啃碎一个飞盘，完全不用担心有人跟它抢宝贝。正确做法是，兴奋地跑跳呼唤狗狗，或者拿另一个飞盘原地抛起，吸引狗狗的注意力。它一定不会抗拒快速移动的人和飞盘。

不要让一岁以下的狗狗跳接飞盘，这对狗狗的身体伤害特别大。切忌！

A 字板

A 字板也是敏捷运动中的一个障碍，由两张长 2.7 米的木板拼接而成。要想通过这个障碍，需要狗狗有足够的勇气。所以，技巧是成功的基础，鼓励才是成功的关键。

训练方法

1　将 A 字板平铺到地面，带狗狗到 A 字板前，用食物诱导狗狗轻松走过 A 字板，或直接将球从 A 字板的一端扔到另一端。狗狗会追球从而毫无畏惧地跑过 A 字板。完成动作后，记得要给零食或再给一个玩具奖励。

2　增加难度，把 A 字板立起呈一个小坡状，固定住。相信狗狗有了之前在 A 字板上行走的经验，会很快适应上下陡坡。

训练方法

3 继续把板子间距缩小，从而加大坡度。如果
狗狗感到害怕，不敢上去，主人可以将板子
放低一点（但要比第二步骤高些），带狗狗
走到板子上。主人要在狗狗前面不停地鼓励，
叫狗狗的名字，使狗狗兴奋起来。

4 当狗狗克服了第一次恐惧，后面的训练就变
得简单了。狗狗会轻车熟路地飞奔过 A 字板，
不再恐惧。

特别提示

　　如果狗狗感到恐惧不敢上去，不要把它抱到上面，那样狗狗会更加恐惧。只要
耐心一些，降低难度，让狗狗容易通过并且多加鼓励，狗狗自己会克服的。
　　难度一定要控制在狗狗不会因为恐惧而奋不顾身地跳下 A 字板逃跑的范围内。

跳圈

跳圈是一个很容易训练的技能，也是敏捷运动中的一项障碍训练。准备好一个想让狗狗跳过的圈，只要狗狗身体能跳过去就可以。注意：永远都不要选择带火的。

训练方法

1 把圈立在地上，用食物诱导狗狗穿过圈，同时说"跳"的口令。然后奖励狗狗零食。

2 狗狗可以顺利完成第一步后，将圈抬高一些，以让狗狗可以顺利迈过去的高度为好。说"跳"的口令，狗狗做到了就奖励零食吃。

训练方法

3 第二步也可以顺利完成
后，再次增加难度。将
圈抬更高一些，以让狗
狗轻轻起跳就能过去的
高度为好。说"跳"的
口令，顺利完成后给狗
狗零食奖励。

4 同样，顺利完成后增加
难度。

5 当狗狗顺利地完成跳圈
之后，可以用身体摆出
各种圈让狗狗跳，比如
手臂环成圈、头上手臂
比心、O形腿圈以及你
能想到的各种圈。

特别提示

　　如果狗狗不敢跳，就降低高度让它走过去，不要推或拉它。推、拉等强迫动作，
只会让狗狗迅速产生压力，从而逃离你。
　　每次跳时都要先下"跳"的口令。

跳栏

　　跑跳绝对是狗狗最喜欢的游戏类型，即便你的狗狗看起来慵懒，但是不代表它不喜欢跑跳。狗狗在开心的事情里，一定能想到跑和跳。有了跳圈的训练经验，训练跳杆就更容易了。

训练方法

1 把圈换成杆，放在地上，让狗狗走过。然后奖励狗狗零食。

训练方法

2 把杆抬离地面，让狗狗可以顺利走过，然后奖励狗狗零食。

3 把杆抬高，让狗狗可以轻松跳过。下"跳"的口令，狗狗做到后奖励狗狗零食。

4 在狗狗可以顺利跳过各种高度的杆以后，让狗狗从不同角度连续跳杆。当狗狗可以连续跳杆几次后，给狗狗奖励。每跳一次都要下"跳"的口令。

特别提示

　　还可以让狗狗跳上各种平面，或让狗狗跳过各种物品。只要狗狗听懂"跳"的口令，你可以让它跳上或跳过任何物体。

　　千万不要让狗狗跳过火焰！

隧道

隧道是敏捷运动中几种常见的障碍之一。开始很多狗狗面对隧道都会不知所措，这就需要主人耐心的引导！训练狗狗过隧道不仅可以增加狗狗的信心，更重要的是可以培养狗狗对主人的信任。

训练方法

1 将隧道折叠成最短。一手扶着隧道，另一手拿着零食穿过隧道，诱导狗狗钻过隧道。当狗狗进入隧道时，下"钻"的口令。在狗狗完成后，奖励它零食或玩具。

2 当狗狗可以顺利通过隧道后，增加难度。将隧道展开一小段。同1的方法诱导狗狗，下口令并奖励。

3 相信这时狗狗已经明白钻过隧道会有奖励了，主人可以继续增加隧道长度。先发出"钻"的口令，在狗狗钻进隧道后，主人立刻跑到隧道的另一端呼唤狗狗。狗狗出来以后，主人立刻奖励。

4 不断增加难度，让狗狗顺利通过，并奖励。最后将隧道全部展开，摆成"U"形。有了前面的训练做铺垫，狗狗已经可以驾驭隧道了。下"钻"的口令，跟狗狗同时行动，主人迅速跑到出口处等着狗狗出来，在狗狗出来后奖励狗狗最喜欢的零食或玩具。

特别提示

当狗狗表现出恐惧时，不要把狗狗强行推进去，这样做的后果就是，你有可能要爬进去清理尿液了，或者下次狗狗见到隧道就跑开了。

尽量保持跟狗狗互动，鼓励狗狗在隧道中前进。

独木桥

过独木桥可以培养狗狗的平衡能力。在训练过程中不要使用强迫的方法对待狗狗，以食物或玩具诱导狗狗通过独木桥。

训练方法

1 将狗狗带到独木桥前。用零食或玩具诱导狗狗，并说"上"的口令。全程诱导狗狗走过独木桥，通过后将手里的零食或玩具奖励给狗狗。

2 反复多次诱导，狗狗可以顺利通过后，主人不再全程诱导。引导狗狗走到另一端的下坡位置时停下，狗狗会顺着下坡跑过独木桥。当狗狗顺利通过后，奖励狗狗。

3 经过反复训练，狗狗可以脱离食物诱导，在主人的带领下通过独木桥。给狗狗发出"上"的指令后，继续缩短引导的距离，慢慢增加狗狗独自通过独木桥的距离。

特别提示

　　训练过程中不要强行将狗狗拖上独木桥，狗狗因为恐惧一定会直接跳下来。要耐心引导狗狗，在狗狗有进步时要及时奖励。如果狗狗很久都不能通过独木桥，就先在地上铺一张宽木板让狗狗通过，然后奖励。再慢慢增加木板的高度，减少木板的宽度。

（训练项目）

跷跷板

●●●●●　●●

　　跷跷板是敏捷性运动中很有难度的障碍，需要狗狗在会升降的木板上等待落地的时机。走上去就已经需要勇气，还需要在升降的木板上保持镇定，并忍耐板子与地面接触的瞬间所产生的冲击力，对狗狗来说无疑是胆量与判断力的双重考验。见证狗狗从恐惧到征服恐惧的全过程，相信一定很有成就感。就狗狗自身而言，也是一个大的挑战。

1 需要一个助手。让跷跷板自然的一端着地。

2 助手扶稳跷跷板后，诱导狗狗走上跷跷板。当狗狗不断前进时，让助手慢慢将跷跷板放平，呈平行于地面的状态。其间持续奖励，让狗狗持续在跷跷板上前进。

3 当狗狗走到中间位置时，跷跷板平行于地面。这时让狗狗稍微放慢速度，助手将跷跷板原本翘起的一端缓慢落到地上，让狗狗通过。通过后奖励狗狗。

4 经过反复的训练，狗狗可以顺利通过跷跷板后，让助手加快跷跷板的起落速度。但在落地前要减少板子对地面冲击而发出的声响。

5 狗狗对板子的碰撞声不敏感以后，可以下口令"上"，让狗狗自己通过跷跷板，并奖励它。

特别提示

　　如果狗狗实在不敢通过跷跷板，可以做一个起伏不大的简易跷跷板让狗狗通过。慢慢增加高度，最后引导狗狗通过跷跷板。

　　训练狗狗学习敏捷运动中的障碍训练时，千万不要用强硬的方式，那样只会让狗狗更加恐惧当前的训练，同时也失去了训练狗狗的目的。过障碍训练对狗狗来说是一项挑战。障碍对狗狗来说既不困难也不可怕，狗狗绝对有能力通过它们。狗狗恐惧的是，在它们没有准备好的情况下就被拖离地面。所以主人只需要多些耐心，慢慢引导狗狗去理解，狗狗自然会鼓足勇气征服各种障碍。

CHAPTER 06

狗狗的日常照顾

♡ 洗澡

定期帮狗狗洗澡才能保持毛发和皮肤的健康

洗澡是保持狗狗毛发和皮肤健康不可或缺的重要护理工作，同时还能起到修饰及消除异味、保持清洁的作用，而且也能防止皮肤疾病的发生。

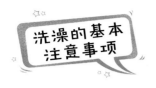

洗澡的基本注意事项

洗澡的频率: 2~4 个星期洗一次澡即可。

洗澡前先梳毛: 洗澡前先将狗狗身上的毛结梳理通顺,这样可以洗得更干净。

洗澡水的温度: 适宜温度为 30~38℃。

洗完澡后务必用毛巾擦干,再用吹风机将狗狗的毛发吹干。

需要特别注意的是,为了不对狗狗的皮肤造成负担,在 10 分钟内快速洗完最好。

洗澡的步骤

了解狗狗洗澡的正确顺序,就可以细心又迅速地帮狗狗洗个澡了。

1 塞住耳朵

为了避免水进到狗狗的耳朵,可先在耳朵内塞上棉花球。

2 从下半身开始冲水

帮狗狗冲水时,以脚—身体—脸部的顺序进行,并将莲蓬头尽量靠近狗狗的身体,避免水冲进狗狗耳朵或鼻子内。

3 涂抹浴液

将浴液稀释好,搓出泡沫,用指腹以按摩的方式帮狗狗搓洗全身,揉至全身起泡沫,并记得清洗容易堆积污垢的趾间和尾巴下方,肛门周围和脸部则要温柔细心地清洗。如果狗狗玩得太脏,可以再洗一遍。狗狗一般不喜欢洗脸,所以洗头部的时候一定要避免水或浴液进入狗狗的眼睛、鼻子里边。需要注意的是,给长毛狗狗洗澡的时候不要来回揉搓,这样会导致毛发打结,要顺着一个方向洗。

4 清理肛门腺

洗澡时还需要注意一点:一定要清理肛门腺。肛门腺是狗狗没有退化的腺体,起到润滑排便和狗狗之间相互区分身份的作用。肛门腺在肛门下两侧四点钟和八点钟的位置,用大拇指和食指按住轻轻向上推,肛门腺内的分泌物就会从肛门处被挤出来。

5 从脸部开始冲掉泡沫

搓洗完毕后，以脸部—身体—脚—尾巴的顺序将泡沫冲掉，同样要将莲蓬头尽量靠近狗狗的身体，温和地将泡沫冲净。

6 用毛巾擦拭身体

拿掉耳朵塞，并用吸水毛巾盖住狗狗身体，用手轻轻挤压，千万不要来回揉搓，尽量擦干，这样可节省吹毛时间。

7 吹干身体

一边使用梳子梳开毛发，一边用吹风机从毛根处将毛发吹干。为了避免狗狗受凉，吹风时要迅速从身体开始吹干毛发。

狗狗讨厌吹风机时

　　首先，拿着吹风机离狗狗稍远一些，同时喂狗狗零食，然后靠近一点，继续喂零食。就这样一点一点慢慢靠近，一直奖励零食，让它觉得"吹风机＝好事"。

　　接着，让狗狗一边听着吹风机的声音一边拿零食给它吃，并在关掉吹风机后马上停止喂零食。然后再次打开吹风机，一点一点靠近，每当靠近时给奖励，重复多次，让狗狗习惯吹风机的声音。

　　最后，直接将吹风机打开对着狗狗，并且吹狗狗不同位置，由不敏感的位置一点点到敏感位置，一边吹风一边给予零食，并在关掉吹风机后停止喂食，经过多次训练之后，狗狗对吹风机的感受会越来越好。

♡ 梳毛

狗狗都会有新陈代谢，所以要定期梳毛，以免狗狗毛发打结。给狗狗梳毛有以下好处：

首先，梳毛除了可以将代谢的毛发清理掉，还可以让狗狗皮肤得到按摩，从而让狗狗血液循环更好。

其次，通过梳毛可以观察狗狗的皮肤状态，从而起到预防皮肤病的作用。

还有一个好处就是，在给狗狗梳毛时，能够顺便按摩狗狗的身体，若梳理方法正确，狗狗可因此获得放松，舒缓压力。

另外，梳毛还可以增进主人与狗狗之间的感情。

所以，一定要配合狗狗毛发的类型，选择正确的梳子和手法帮狗狗梳毛。

狗狗毛发类型

狗狗毛发的类型有很多种，即使是相同的犬种也可能会有不同类型的毛发，主人在梳毛时，必须配合狗狗毛发的类型加以梳理。

短毛型
短毛型的狗狗毛发又短又硬，非常便于梳理，不过在换毛期（主要在春季和秋季）会大量脱毛。

长毛型
长毛型的狗狗毛发因为很容易打结，因此必须每日梳理。

刚毛型
刚毛型的狗狗毛发就像铁丝一样又粗又硬，必须使用排梳等工具将脱落的废毛梳理干净。

卷毛型
卷毛型的狗狗脱落的毛发很容易缠在一起，务必要每日帮它们梳毛。

梳毛的步骤

帮狗狗梳毛的诀窍，就是利用配合狗狗毛发类型的梳毛工具，以温和流畅的方式慢慢将毛发梳开。

短毛型
先以热毛巾热敷，促进狗狗的血液循环，再用鬃毛梳梳理狗狗全身的毛发。

长毛型
利用椭圆针梳，沿着脚—身体—脸部的顺序梳毛，最后再用宽齿的排梳将打结的毛发梳开。

刚毛型
先用橡胶梳以按摩的方式梳毛，再用排梳顺着毛的方向梳理，最后使用鬃毛梳。

卷毛型
依照脚—腹部—背部—头部—耳朵的顺序，使用软性针梳梳理毛发。对于耳朵等肌肤较为脆弱的部位，则要温柔地梳理，不要让针梳的尖端刺到皮肤。

♥ 刷牙

刷牙有助于预防牙周病

　　狗狗口腔里有好多牙菌斑，有的牙菌斑附着在牙齿表面，有的在口腔的软组织上；长时间不清理的话会导致牙龈红肿、发炎、出血。牙菌斑钙化会导致狗狗牙结石的形成，为了预防牙周病，务必要帮狗狗刷牙，让狗狗习惯刷牙。

如何让狗狗
习惯刷牙

为了让狗狗习惯刷牙，一开始可先用花生酱或芝士酱等狗狗爱吃的食物代替牙膏涂在牙刷上让狗狗舔，然后再将牙刷伸进狗狗的嘴里，如果狗狗能接受的话，就试着轻轻地移动牙刷。等狗狗渐渐习惯之后，再换成狗狗专用的牙膏开始帮狗狗刷牙。

口臭是牙周
病的信号

当狗狗的嘴巴发出和平常不一样的强烈臭味时，就有可能是罹患了牙周病，必须尽快带去动物医院接受治疗。若不及时加以治疗，有可能导致牙齿不稳固而无法进食。此外，口臭也可能是其他的疾病所造成，主人必须多加注意。

刷牙的步骤

和人类刷牙的方式一样，给狗狗刷牙可分为贝氏刷牙法（左右移动）和旋转式刷牙法（上下移动）两种方式。

♡ 清理耳朵

　　狗狗的耳朵若不定期清理，有可能因为细菌繁殖而造成中耳炎或内耳炎。为了避免这种情况发生，主人至少每个星期要帮狗狗清理一次耳朵。

清理耳朵的步骤

　　对于有耳毛的狗狗，应该先清除耳毛，再清洁耳道。清洁耳道时，用棉花球或面纸沾满狗狗专用的清耳液进行清洁或者将洗耳水灌入耳道，轻揉耳根处，狗狗会自己甩耳朵，将耳道内的污垢甩出来，最后擦拭干净甩出的污垢即可。需要特别注意的是，不要使用棉花棒，因为它可能会在狗狗突然乱动的时候刺伤耳朵，非常危险。

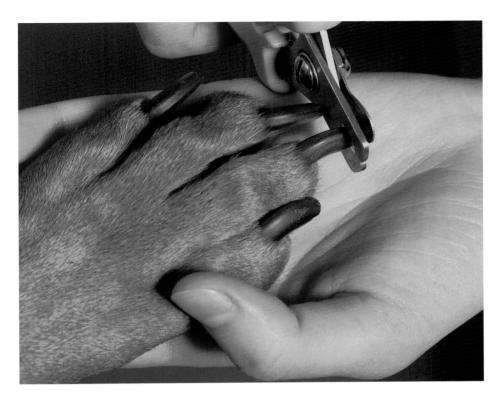

♡ 剪趾甲

狗狗的趾甲若生长得太长，趾甲里面的血管也会跟着变长，导致剪趾甲变得更加困难。除此之外，狗狗的趾甲若长得太长，还有可能会刺进肉垫里，增加狗狗患趾沟炎的概率。因此，主人应在血管还未长长之前，每个月帮狗狗修剪趾甲1或2次。

剪趾甲的
工具

狗狗的趾甲剪可分为套入式趾甲剪和钳式趾甲剪两种类型。建议使用套入式趾甲剪，因为不用花很大的力气就可以把趾甲剪得很平整。剪完趾甲之后，最好再用锉刀将趾甲切面磨平整，以免抓伤别人。

委托专业人员为狗狗做护理

在狗狗的日常护理中，有些工作委托给专业人员会比自己做来得更加安心，例如修剪毛发、修剪趾甲、挤肛门腺、清除跳蚤或壁虱等。虽然主人也可以在家处理，但定期委托专业人员帮狗狗护理其实更为方便轻松。

剪趾甲的步骤

帮狗狗剪趾甲的诀窍，就是找出趾甲的血管位置，避免剪得太深。通过浅色的趾甲可以看到狗狗的血线，指甲刀先靠近血线修剪，再剪去周围的尖锐部分或者用锉刀磨圆；深色的趾甲要一点点由趾甲外围向中间修剪，直到趾甲中心出白色的半透明状的胶状物质时停止。

1 捏住趾甲：用手指捏着狗狗的肉垫和趾甲根部，固定住趾甲。

2 将趾甲剪靠近趾甲：将趾甲剪的刃口朝上，在还没打开的情况下靠近狗狗的趾甲。

3 修剪趾甲：根据趾甲的粗细打开趾甲剪的刃口，套入趾甲，修剪时避免剪到趾甲内的血管。

4 将切口磨平：剪完趾甲后，用锉刀将趾甲上尖锐的地方磨平，让趾甲边缘呈圆弧形。

♡ 其他护理

其他的身体护理包括散步后的擦脚、清除眼屎等保持身体清洁的工作，目的是让狗狗和主人能共同生活在干净整洁的空间中。

散步后的擦脚

在湿毛巾上喷狗狗专用的除菌喷雾，从狗狗脚底的肉垫到趾间依序将污垢擦拭干净，最后再用干毛巾擦干。

清除眼屎

用沾湿温水的棉花轻轻压住狗狗的眼角，等眼屎被温水泡软后再轻轻将眼屎擦掉，并在清理干净后用干棉花将水分擦干。

♡ 全身按摩

按摩除了可以改善狗狗的健康状态，还能够加深主人与狗狗之间的感情，更进一步稳定狗狗的情绪，对消除行为问题也大有帮助。

颈部按摩

用手指将狗狗颈部的皮肤轻轻向上拉起，进行一紧一松的捏提，力量适中。

背部按摩

用手指尖好像要夹住脊椎骨一般，沿着脊椎骨两侧从脖子开始一路往尾巴部位搓揉按摩。

腿部按摩

用手握住狗狗的腿部，从腿根开始轻轻揉捏，并顺势一路揉捏到脚底，特别适合经常运动的狗狗。

肩膀按摩

用食指到小指四根手指头轻柔地按压狗狗肩胛骨的凹处，可以放松运动后的肌肉。

腹部按摩

用两手指尖轻压狗狗的腹部，可以帮助调理狗狗的肠胃，按摩时记得不要按压到狗狗的肋骨部位。

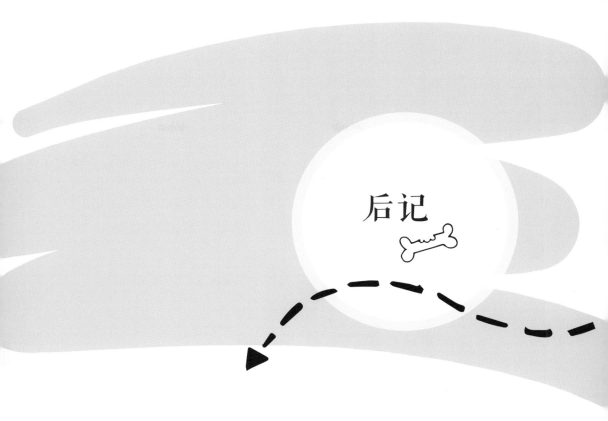

后记

　　看到这一页，相信您一定是翻阅了整本书，不管是从内容安排还是版式设计上，您肯定也感受到了我们对这本书的用心程度！

　　说起本书的创作过程真的是不容易，从编辑跟我约稿之日起，到本书的出版历经了将近三年的时间。在整个创作过程中经历了工作变动、居所变更、朋友离世……过程中出现过放弃的念头，但在本书编辑的鼓励与坚持下，终于完成了。在此，要感谢一下本书的编辑，谢谢您没有放弃！

　　在创作过程中，还受到很多同行们的帮助，感谢乐同宠物疗养寄养机构的李鹏宇、芮苏、郝孟培给予的帮助和支持；感谢本书照片的摄影师陈雪松，不辞辛苦地拍摄；感谢肖鹏所做的视频拍摄和剪辑工作；感谢"哈喽～小金毛"抖音暖男"天气晴"为视频配音！

　　最后，希望本书在解决您与狗狗之间的问题上起到一定的作用，帮助您将自家的"毛孩子"训练成一个合格的"好公民"。

刘志勇

图书在版编目（CIP）数据

萌犬家庭训练：狗狗好公民修炼手册 / 刘志勇编著
. —— 哈尔滨：黑龙江科学技术出版社，2020.3
ISBN 978-7-5719-0313-8

Ⅰ . ①萌… Ⅱ . ①刘… Ⅲ . ①犬 – 驯养 – 手册 Ⅳ .
① S829.2–62

中国版本图书馆 CIP 数据核字 (2019) 第 255782 号

萌犬家庭训练：狗狗好公民修炼手册
MENG QUAN JIATING XUNLIAN:
GOUGOU HAO GONGMIN XIULIAN SHOUCE

作　　者　刘志勇
摄 影 师　陈雪松
责任编辑　马远洋　张云艳
封面设计　佟　玉
出　　版　黑龙江科学技术出版社
地　　址　哈尔滨市南岗区公安街 70-2 号
邮　　编　150007
电　　话　（0451）53642106
传　　真　（0451）53642143
网　　址　www.lkcbs.cn
发　　行　全国新华书店
印　　刷　雅迪云印（天津）科技有限公司
开　　本　710mm×1000mm　1/16
印　　张　11.25
字　　数　200 千字
版　　次　2020 年 3 月第 1 版
印　　次　2020 年 3 月第 1 次印刷
书　　号　ISBN 978-7-5719-0313-8
定　　价　39.80 元